統計学
最高の教科書

現実を分析して未来を予測する技術を身につける

横浜国立大学教授
今野紀雄

SB Creative

著者プロフィール

今野紀雄（こんの のりお）

1957年、東京生まれ。1982年、東京大学理学部数学科卒。1987年、東京工業大学大学院理工学研究科博士課程単位取得退学。室蘭工業大学数理科学共通講座助教授、コーネル大学数理科学研究所客員研究員を経て、現在、横浜国立大学大学院工学研究院教授。おもな著書は『数はふしぎ』、『マンガでわかる統計入門』、『ざっくりわかるトポロジー』（共著）、『マンガでわかる複雑ネットワーク』（共著）（サイエンス・アイ新書）、『図解雑学 確率』、『図解雑学 確率モデル』（ナツメ社）など。『Newton』（ニュートンプレス）の監修なども務める。

本文デザイン・アートディレクション：近藤久博（近藤企画）
イラスト：とら（近藤企画）、アカツキウォーカー
校正：曽根信寿

はじめに

10月18日が何の日かご存じでしょうか？

統計の日です。総務省 統計局のウェブサイトによれば、10月18日は、日本で最初の近代的生産統計である『府県物産表』に関する太政官布告が公布された1872（明治3）年9月24日を太陽暦に換算した日です。そして、この日を、1973（昭和48）年、統計の日としたのです。

総務省は、国民が統計に関心を持ち、重要性を理解し、統計調査に協力してもらえるよう、統計の日に合わせて広報活動を行っています。

その1つが、「**標語の募集**」です。ポスターをはじめとする広報媒体に活用するためです。2018（平成30）年度の特選作品は、統計調査員の部から選出された「活かせ統計、未来の指針。」でした。歴代の入選作品の標語は、総務省のウェブサイトで見ることができますが、それらを眺めるとさすが、すばらしいものばかりです。そのいくつかを紹介しましょう。

「誰のため？　みんなのための統計調査」
　　　　　　　　　　　　　　　　2000（平成12）年
「論より数字　勘より統計」　　　　2003（平成15）年
「統計の　確かな情報　大きな安心」2016（平成28）年

今年も2019年2月から募集したところ、**省庁の統計不正**が問題になっていることもあり、時代を反映してか、Twitter（ツイッター）にそれを揶揄したような標語がたくさん出現しているようです。

「ごまかせ統計、疑惑の指針」
「統計は　どうせ不正だ　ほっとうけい」
「合わぬなら　作ってしまえ　偽統計」
「不景気も　統計一つで　好景気」

　このような統計調査に関連する事柄について、同僚の先生と雑談していたところ、「統計データの不正を見抜けるかもしれない法則があるのでは？」という話題にまで発展しました。これを、とりあえず「法則X」と名付けましょう。この法則については、本書のColumnで紹介して、一緒に考えていきますので、楽しみにしてください。

　さて、この本では、**高校レベルの統計を、やさしく解説**します。以下、簡単に、本書の内容について説明しましょう。

　第1章では、**平均、分散、標準偏差**などの**データを特徴づける値**について学びます。第2章では、本書の後半で学習する統計を理解するために必要な**確率の基礎**について述べます。第3章では**確率変数**、第4章では、典型的な分布の例である**二項分布**、正規分布を

紹介します。第5章では、一部のデータから全体を推測する**推定**について学習します。第6章では、ある仮説を立てたときに、それが正しいかどうかを判定する**検定**を扱います。最後の第7章では、データのグループ間の関係を表す**相関**について述べます。

また、各章末には**練習問題**を載せましたので、理解を深めるためにも、ぜひ挑戦してみてください。

最後に、本書でも出版のプロセスで大変お世話になった科学書籍編集部の石井顕一さんに、いつものように深く感謝いたします。

2019年3月　**今野紀雄**

統計学 最高の教科書

現実を分析して未来を予測する技術を身につける

CONTENTS

はじめに …… 3

第1章 データの特徴 …… 9

- 1-1 「週に何回お酒を飲む?」と聞かれて困りませんか? …… 10
- 1-2 月給の平均は同じだけど……なんだかおかしくない!? …… 12
- 1-3 同じ平均でも、同じ中身を表しているとはかぎらない …… 14
- 1-4 データは「ヒストグラム」にするとわかりやすくなる! …… 16
- 1-5 階級の幅はデータに合わせてとるのがポイント! …… 18
- 1-6 ヒストグラムの形から「平均」がふさわしくないデータがわかる …… 20
- 1-7 平均値のほかにもいろいろある代表値を知っておこう …… 22
- 1-8 真ん中が大事! メジアン(中央値)とは? …… 24
- 1-9 真ん中を求めよう! メジアン(中央値)の計算方法 …… 26
- 1-10 もっとも多い値はどれだ! モード(最頻値)とは? …… 28
- 1-11 データのばらつきを表す「レンジ」(範囲)とは? …… 30
- 1-12 データのばらつきを測るには? 偏差を平均してもだめ …… 32
- 1-13 データのばらつきを表すには偏差を2乗する「分散」が便利! …… 34
- 1-14 分散を使ってデータのばらつきを計算する方法 …… 36
- 章末練習問題 ① …… 38
- Column 1 さまざまな仮想通貨の時価総額、先頭の数字を調べてみると? …… 40

第2章 確率の基礎 …… 41

- 2-1 「標本点」「標本空間」と「事象」を知る …… 42
- 2-2 事象にはいろいろある! 「和事象」「積事象」「余事象」 …… 44
- 2-3 ズバリ定義! 確率とはなんぞや!? …… 46
- 2-4 「事象の確率」をより一般的に考えると? …… 48
- 2-5 「コインの確率」で確率の簡単な計算をしてみる …… 50
- 2-6 丁半賭博で「丁がでる確率」と「半がでる確率」は? …… 52
- 2-7 同時に起こらない「排反事象」とは? …… 54
- 2-8 排反事象のときの「事象」同士の関係は? …… 56
- 2-9 「余事象(〜でない事象)」が発生する確率は? …… 58

- 2-10 「条件つき確率」とはなにか? ... 60
- 2-11 便利な「乗法定理」を知っておこう! ... 62
- 2-12 別の事象に影響を与えないのが「独立事象」 ... 64
- 章末練習問題 ② ... 66
- Column 2　先頭の数字の出現率には「ベンフォードの法則」があてはまった! ... 68

第3章　確率変数 ... 69
- 3-1 偶然の結果で値が定まるのが「確率変数」 ... 70
- 3-2 確率の性質を利用して、確率を簡単に計算しよう ... 72
- 3-3 確率変数とその確率を対応させたのが「確率分布」 ... 74
- 3-4 確率の合計は「1」になる ... 76
- 3-5 確率変数Xの平均を計算する ... 78
- 3-6 確率が等しくなくても平均を求められる平均E(X) ... 80
- 3-7 「標準偏差」は分散の正の平方根 ... 82
- 3-8 頻出するのは「平均から標準偏差の間」の値 ... 84
- 章末練習問題 ③ ... 86
- Column 3　ベンフォードの法則を応用するとデータの不正を見抜けることも! ... 90

第4章　分 布 ... 91
- 4-1 順序を考える場合の「場合の数」 ... 92
- 4-2 順序を考えない場合の「場合の数」 ... 94
- 4-3 二項分布に備えてサイコロ投げの確率を求める ... 96
- 4-4 二項分布をサイコロ投げの分布で見てみよう ... 98
- 4-5 投げる回数を増やすと二項分布の形が変化する! ... 100
- 4-6 身長、雨量、工作誤差……各種データに見られる正規分布 ... 102
- 4-7 正規分布の性質をしっかりと押さえよう! ... 104
- 4-8 正規分布のほとんどの事象は「3シグマ範囲」に入る ... 106
- 4-9 正規分布を標準化した「標準正規分布」とはなにか? ... 108
- 4-10 グラフからわかる標準正規分布の性質 ... 110
- 4-11 標準正規分布を使って確率を計算してみよう! ... 112
- 章末練習問題 ④ ... 114
- Column 4　「末尾の数字」も、かたよって分布する? ... 116

第5章　推 定 ... 117
- 5-1 一部分から全体を推定するということ ... 118
- 5-2 推定の考え方で適切な標本数を割りだせる ... 120
- 5-3 テレビの視聴率はどうやって調査しているのか? ... 122
- 5-4 統計の考え方を使って視聴率を推定してみよう ... 124
- 5-5 ズバリ1点で推定するのが「点推定」 ... 126

CONTENTS

- 5-6 推定の幅を求める「区間推定」～その① ……… 128
- 5-7 推定の幅を求める「区間推定」～その② ……… 130
- 5-8 信頼度の高さと信頼区間との関係は？ ……… 132
- 5-9 ポケモンの視聴率変化に意味はあったのか？ ……… 134
- 5-10 信頼度が上がると信頼区間も広くなる ……… 136
- 5-11 大谷翔平選手の未来の打率を推定するとどうなる？ ……… 138
  - 章末練習問題 ⑤ ……… 140
  - Column 5　「シンプソンのパラドックス（逆説）」とは？ ……… 144

第6章　検　定 ……… 145

- 6-1 5回連続して表がでたコインは「かたよっている」といえるのか？ ……… 146
- 6-2 「コインはかたよっていない」という仮説を立てて検定すると？ ……… 148
- 6-3 検定の独特な考え方の流れを知っておくことが大切！ ……… 150
- 6-4 検定の結果は「危険率」によって変わってくる ……… 152
- 6-5 「5回中4回表」のとき、「かたよりがある」といえる？ ……… 154
- 6-6 「5回中4回表」でも、「かたよりがある」とはいい切れない場合 ……… 156
- 6-7 危険率5%なら「10回中9回表」で「かたよりがある」といえる！ ……… 158
  - 章末練習問題 ⑥ ……… 160
  - Column 6　宝くじは「連番」で買うべき？　「ばらばら」で買うべき？ ……… 164

第7章　相　関 ……… 165

- 7-1 あるデータと、それとは別のデータの関係を調べる ……… 166
- 7-2 データ同士の関係を「相関図」でグラフ化する ……… 168
- 7-3 相関が「強い」「弱い」「ない」とは？ ……… 170
- 7-4 データ同士の関係の度合いを数値で表す「相関係数」 ……… 172
- 7-5 「相関係数」を表す式を知っておこう ……… 174
- 7-6 相関係数の計算方法～その① ……… 176
- 7-7 相関係数の計算方法～その② ……… 178
- 7-8 相関係数の計算方法～その③ ……… 180
- 7-9 関係の整理～相関係数のまとめ ……… 182
  - 章末練習問題 ⑦ ……… 184
  - Column 7　最近よく見かける「期待値を計算できない」くじに注意 ……… 186

- おわりに ……… 187
- 主な参考文献 ……… 189
- 索引 ……… 190

第1章
データの特徴

最初の章では、**データを特徴づける**値について学びます。具体的には、「平均」「メジアン（中央値）」「モード（最頻値）」「レンジ（範囲）」「分散」「標準偏差」などです。特に、「平均」と「分散」は非常に重要な値で、あとの章でも頻繁に登場します。

1-1 「週に何回お酒を飲む？」と聞かれて困りませんか？

　私のお酒好き（正確にいうと、酒席の雰囲気が好きなのですが）が知られてしまうと、かならず聞かれる質問が「1週間に平均して何回くらいお酒を飲みますか？」です。

　この質問に答えることほど悩ましいことはありません。

　私が几帳面にお酒を飲んだ日のデータを取って、毎日変化する野球選手の打率のように計算していないからではありません。質問者も、まさかそんなことまでは期待していないでしょう。ではなにが悩ましいのでしょうか？

　実は私の場合、**お酒の飲み方に大変波がある**のです。晩酌するという習慣をもたないせいか、飲むときはそれこそ毎晩のように飲み続けますが、いったん止まると、まるでつきものが落ちたかのように、ひと月くらいお酒を飲まないこともあります。いい加減な記憶を頼りに、あえて平均を取って「毎週2回くらいかな」と答えたとしても、自分としてはこの答えにまったく納得がいきません。上で述べたとおり、毎週、金、土のように、ほぼ規則正しく飲んでいるわけではないからです。

　従って、なんでも平均がすべてだという考え方には「ちょっと待った！」といいたくなってしまいます。

　第1章では、「平均」のような、**データを代表するさまざまな値**について学びます。

　しかし、上の例の「1週間に平均して何回くらいお酒を飲むか」という質問に対する私の答えのように、データによっては平均が「**かならずしもデータを代表する値にならない**」場合があります。そのことを念頭に置いて読み進めてください。

平均すれば同じでも、中身は大違い

質問 テスト前1週間の勉強は1日何時間くらいですか？

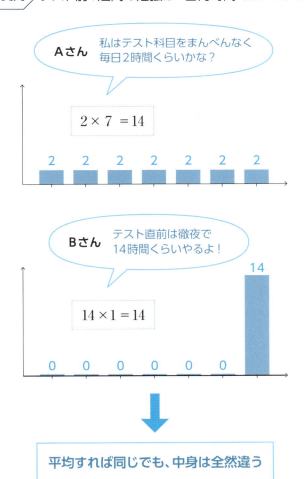

Aさん：私はテスト科目をまんべんなく毎日2時間くらいかな？

$$2 \times 7 = 14$$

Bさん：テスト直前は徹夜で14時間くらいやるよ！

$$14 \times 1 = 14$$

↓

平均すれば同じでも、中身は全然違う

1-2 月給の平均は同じだけど……なんだかおかしくない!?

この項では具体的なデータの「**平均**」を求めてみましょう。

ここに社長（社長は表中の6）も含め、社員6名の創業間もない小さな会社が5社あるとします。話を簡単にするために、5社とも毎月の純益は240万円。そして、その240万円を6名の社員に月給として分配するとします。ただし分配方法は5社とも違って、以下のようになっているとしましょう。

	1	2	3	4	5	6（社長）	合計
A社	40	40	40	40	40	40	240
B社	20	30	40	40	50	60	240
C社	20	20	20	60	60	60	240
D社	20	20	20	50	60	70	240
E社	20	20	20	20	20	140	240

（単位：万円）

社員1人の月給の平均を求めると、5社ともすべて同じで、

$$\frac{240}{6} = 40 （万円）$$

になります。計算にはなんの間違いもありません。でも、「**なにかおかしい**」と感じませんか？　そう、その「おかしい」という感覚は正しいのです。

次の項では、このおかしさについてきちんと考えていくことにしましょう。

平均の計算方法を再確認

平均の定義

データの値を x_1、x_2、…、x_n とすると、
平均 $\bar{x}$ は以下で与えられる。

$$\bar{x} = \frac{x_1 + x_2 + \cdots + x_n}{n}$$

たとえばA社の場合、社員6名(n=6)で、
全員が月給40万円
($x_1 = x_2 = \cdots = x_6 = 40$)なので、

$$\bar{x} = \frac{40+40+40+40+40+40}{6} = \frac{240}{6} = 40 \text{ 万円}$$

同様に、B社の場合、社員6名(n=6)で、
$x_1=20$、$x_2=30$、$x_3=40$、$x_4=40$、$x_5=50$、$x_6=60$ なので、

$$\bar{x} = \frac{20+30+40+40+50+60}{6} = \frac{240}{6} = 40 \text{ 万円}$$

他社も同じように、すべて平均は40万円

同じ平均でも、同じ中身を表しているとはかぎらない

前の項で紹介したように、5社の平均月給は、すべて同じで40万円でした。たとえば、A社は以下のように、社員すべてが月給40万円です。

| A社 | 40 | 40 | 40 | 40 | 40 | 40 |

この場合は、すべての人の月給が同じなので、平均をだすまでもありません。次に、B社とD社について考えましょう。

| B社 | 20 | 30 | 40 | 40 | 50 | 60 |
| D社 | 20 | 20 | 20 | 50 | 60 | 70 |

B社の平均40万円は納得できるでしょう。D社も40万円ぴったりの人はいませんが、納得できなくもありません。では、以下のC社の場合はどうでしょうか？

| C社 | 20 | 20 | 20 | 60 | 60 | 60 |

C社の場合、少ないほうと多いほうの2極に分かれています。月給での勝ち組と負け組です。しかも、**平均月給40万円を実際にもらっている人はいません**。これはちょっと問題です。

最後にE社の場合はどうでしょうか？

| E社 | 20 | 20 | 20 | 20 | 20 | 140 |

社長だけが140万円をもらって、残りの社員はすべて20万円です。**勝ち組は社長だけというひどい状況**です。このような給与システムにもかかわらず、求人広告には「わが社の平均

月給は40万円」と書いてあったとしたら、これは問題ですよね。**ほとんど詐欺**といってもおかしくありません。

次の項では、この問題を別の観点からもう少し掘り下げてみましょう。

平均が同じでも、中身は全然違うことがある

A社

すべての社員の給料は、平均40万円と一致。
これはだれでも納得できるだろう。

B社

平均40万円は納得できる。40万円の人が2人いるからだ。

C社

月給が2極化している。40万円に近い人がまったくいないのは問題だ。1か月全然お酒を飲まない月があったり、ほぼ毎日飲む月があるのに似ている。平均からは月給の様子を読み取れない状況だ。

D社

40万円ぴったりの人はいないが、平均40万円は、妥当なところ。
B社ほどではないが、まぁ、納得できる。

E社

140万円もらっている社長以外は、20万円しかもらっていない。
これで平均40万円とはとてもいえない。

1-4 データは「ヒストグラム」にするとわかりやすくなる!

前の項では「**データには、単純に平均を取っただけだと状況を正しく反映できないものがある**」ことについて解説しました。そのことを理解する第一歩として、まずデータを表にしてみましょう。

たとえば、以下のB社の場合について考えてみます。

| B社 | 20 | 30 | 40 | 40 | 50 | 60 |

これを、10万円の幅の段階に区切って整理したものが、右の表です。

ここで、いくつか用語を紹介します。

まず、各段階を「**階級**」と呼び、それぞれの階級に含まれるデータの個数を「**度数**」といいます。それぞれの階級の度数を、度数の合計で割った値は「**相対度数**」と呼ばれます。また、右のような表は「**度数分布表**」といいます。データの値を「15万円以上25万円未満」のように「a以上b未満」で区切った階級について、aとbの差である「b−a」を「**階級の幅**」といいます。この場合は、「25 − 15 = 10万円」です。また、ほかのすべての場合も、階級の幅は、10万円であることがわかります。

そして、中央の値 $\frac{a+b}{2}$ を「**階級値**」といいます。15万円以上25万円未満の場合は $\frac{15+25}{2}$ = 20万円。ほかの階級値は、上から、30、40、50、60万円となります。

実は、データの様子を知るには、表よりもグラフのほうが一目瞭然のことが多いのです。まさに「百聞は一見にしかず」。B社の度数分布表を表の下にグラフ化しました。このようなグ

第1章 データの特徴量

ラフは、一般に「**ヒストグラム**」または「**柱状グラフ**」と呼ばれます。

次の項では、ヒストグラムに関する注意点をいくつか述べます。

度数分布表をヒストグラムにする

❶	❷	❸	❹	❺	❻
B社 20	30	40	40	50	60

● B社の月給の度数分布表

階 級	階級値(万円)	度 数
15万円以上〜25万円未満	20	1
25万円以上〜35万円未満	30	1
35万円以上〜45万円未満	40	2
45万円以上〜55万円未満	50	1
55万円以上〜65万円未満	60	1
合計	−	**6**

グラフ化してみよう

● B社の月給のヒストグラム

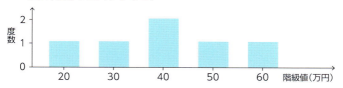

ヒストグラムにするとデータの様子がよくわかる

15 階級の幅はデータに合わせてとるのがポイント!

前の項では、B社の月給、

| B社 | 20 | 30 | 40 | 40 | 50 | 60 |

について、15万円から階級の幅を10万円として、度数分布表をつくり、それをもとにヒストグラムを作成しました。

では、階級の幅を変えたらどうなるのでしょうか？ これは、階級の数を変えることにも関係してきます。

まず、階級の幅を前の半分の「5万円」にした場合の、度数分布表とヒストグラムを右ページに紹介します。

この場合、度数0の階級が半分くらい生じてしまい、逆にわかりにくくなってしまいます。つまり**階級の幅は、やたらに細かくしても、かならずしもデータの様子がよくわかるわけではない**のです。次に、階級の幅を2倍の「20万円」にすると、逆に目が粗くなりすぎて、これもデータのばらつきの様子がよくわかりません。

このように、データを整理するときは、**適切な階級の幅を選ばないと、データの性質をうまく取りだせなくなってしまう**のです。従って、適切な階級の幅や階級数を決めることは、非常に重要な作業になります。ここでは、これ以上この問題には立ち入りませんが、常に頭の隅に入れておきましょう。

さて、前の項とこの項で、B社の度数分布表とヒストグラムについて学びました。では、他社のヒストグラムはどうなるのでしょうか？ 同様に、15万円から階級の幅を10万円として書いてみましょう。答えは次の項です。

ヒストグラムの幅を適切にする

B社
① 20　② 30　③ 40　④ 40　⑤ 50　⑥ 60

● B社の月給の度数分布表（階級の幅＝5万円）

階級（万円）	階級値（万円）	度数
15万円以上～20万円未満	17.5	0
20万円以上～25万円未満	22.5	1
25万円以上～30万円未満	27.5	0
30万円以上～35万円未満	32.5	1
35万円以上～40万円未満	37.5	0
40万円以上～45万円未満	42.5	2
45万円以上～50万円未満	47.5	0
50万円以上～55万円未満	52.5	1
55万円以上～60万円未満	57.5	0
60万円以上～65万円未満	62.5	1
65万円以上～70万円未満	67.5	0
合計	ー	6

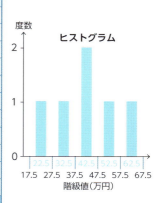

● B社の月給の度数分布表（階級の幅＝20万円）

階級（万円）	階級値（万円）	度数
15万円以上～35万円未満	25	2
35万円以上～55万円未満	45	3
55万円以上～75万円未満	65	1
合計	ー	6

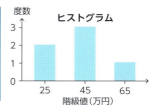

階級の幅は細かすぎても粗すぎてもよくない

1-6 ヒストグラムの形から「平均」がふさわしくないデータがわかる

　B社も含めて、A社からE社までの5社すべてのヒストグラムを右ページに紹介しました。このヒストグラムをながめると、さまざまなことが見えてきます。

　まず気がつくのは、A社、B社、C社のヒストグラムが、どれも左右対称になっていることです。しかも、A社とB社は峰が1つしかありません。このように峰がたった1つの単純な分布は「**単峰型**」と呼ばれます。男性の身長のような分布は単峰型の典型例ですね。

　それに対して、C社のように峰が2つ（あるいはそれ以上）ある場合は「**多峰型**」と呼ばれます。たとえば、男女を区別しない身長の分布などが多峰型の代表例です。また、試験の結果なども、できるグループとできないグループの2つに分かれて多峰型になることが少なからずあります。

　一方、D社とE社は左右対称ではなく、左側に集中しています。

　野球選手の年俸などはよくマスコミの話題になりますが、個人所得の分布は明らかに左右非対称です。

　さて、平均の話に戻しましょう。**ヒストグラムが左右対称（あるいはそれに近い形）で単峰型のデータの場合、平均を代表の値として採用するのはよさそうです。**

　しかし、**左右対称でもC社のように多峰型だったり、E社のように対称性がかなり崩れていたりする場合は、平均を代表の値として採用するのは問題がある**ことがわかります。

　さて、次の項では、平均以外の代表の値について検討してみることにしましょう。

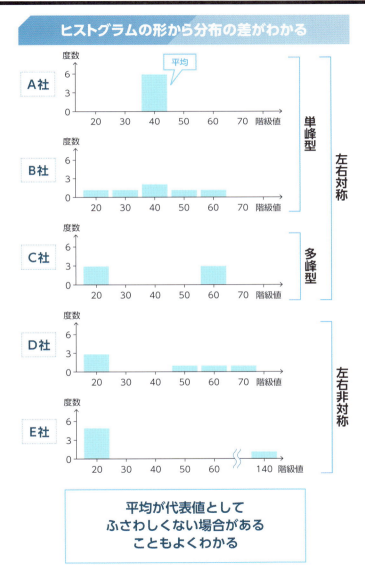

1-7 平均値のほかにもいろいろある代表値を知っておこう

さて、いままでの項では、5つの会社の平均月給を求めて比べてきました。この平均は、「**算術平均**」という少々難しい別の名前で呼ばれることもあります。

ところで、あるデータが与えられたとき、そのデータを代表する値のことを、文字どおり「**代表値**」といいます。いままで計算してきた平均は、この代表値の1つですが、代表値になり得る値には、ほかにも何種類かあるのです。あとでくわしく述べますが、「**メジアン（中央値）**」「**モード（最頻値）**」などがそうです。

では、これまで計算してきた平均とは異なる代表値がなぜ必要となるのでしょうか？

その理由は、たとえば最後のE社の例を考えてみるとわかります。E社の場合、社員6人の月給は以下のとおりでした。

E社	20	20	20	20	20	140

社長だけ140万円ももらって、残りの平社員はすべて20万円。このときも平均は40万円でした。しかし、「平均月給40万円」はどうもしっくりいかないと思うことでしょう。なぜなら、月給が平均よりも少ない人が5人、逆に多い人がたった1人だからです。**数は少なくても（この場合は1人）、値の大きいデータ（この場合は140万円）が平均に影響を与えている場合は、平均とは異なる代表値が必要となる**のです。

プロ野球選手の平均年俸が高いのも、一握りのスーパースターが何億円ももらっているからです。2軍選手の中には、ふ

つうの会社員と変わらない年俸の選手がけっこういるはずです。次の項ではメジアン（中央値）について考えてみましょう。

代表値にはいろいろある

代表値

……あるデータが与えられたときに、
そのデータを代表する特徴をよく表した値

代表値の例

平均、メジアン（中央値）、モード（最頻値）

● たとえば、先ほどのE社のヒストグラムは、

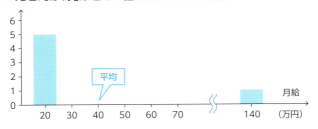

● 内訳は

この場合、平均月給が
40万円とはいいにくい！

1-8 真ん中が大事!メジアン(中央値)とは?

E社の例をもう一度考えてみましょう。社員6人の月給は以下のとおりでした。

E社	20	20	20	20	20	140

社長の月給だけ140万円、残りの平社員はすべて月給20万円で、平均は40万円。このとき、月給を少ないものから順に並べた場合の、真ん中(中央)の値を**メジアン**といいます。このメジアンは**中央値**や**中位数**とも呼ばれます。

ところでE社の場合は、真ん中といっても社員が6人なので、メジアンが1つに決まりません。このような場合は、**真ん中に近い2つの値の平均を取る**ことになっています。従ってメジアンは、

$$\frac{20+20}{2} = 20 \text{(万円)}$$

となります。月給20万円の社員が6人中5人もいるので、平均の40万円よりも、メジアンの20万円のほうが、E社の月給の代表値としてはふさわしいように感じます。

では、同じようにして、ほかのA、B、C、D社のメジアンを求めてみましょう。

	1	2	3	4	5	6	メジアン
A社	40	40	40	40	40	40	40
B社	20	30	40	40	50	60	40
C社	20	20	20	60	60	60	40
D社	20	20	20	50	60	70	35

第1章 データの特徴量

実は、D社とE社以外のメジアンは、すべて40万円になってしまうのです。次の項ではメジアンについて整理しましょう。

メジアン（中央値）の求め方

メジアンとはデータの中央（真ん中）の値のこと

- 先ほどの月給の例でメジアンを求めてみよう

$$\text{メジアン} = \frac{\left(\begin{array}{c}\text{少ないほうから}\\\text{3番目の月給}\end{array}\right) + \left(\begin{array}{c}\text{少ないほうから}\\\text{4番目の月給}\end{array}\right)}{2}$$

- A社、C社、E社のメジアンを求めてみよう

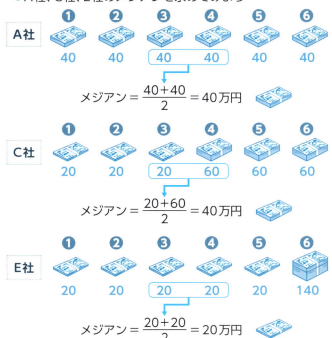

真ん中を求めよう！ メジアン（中央値）の計算方法

さて、前の項で紹介した**メジアン**の定義について、一般の場合も含め、きちんと説明しましょう。

まず、ここにn個のデータがあるとします。

次に、そのデータを小さい順に並べ替えます。同じものがあるときも、前の項の例と同様に、そのまま並べます。その真ん中の値がメジアンとなりますが、ここで、平均のときとは異なり、ちょっと注意しなくてはいけないことがあります。

データ数が奇数の場合には、真ん中の値は1つに決まります。たとえば、以下のようなデータ数が5個の場合を考えましょう。

10　20　30　40　50

メジアンは下から3番目の（上から3番目でもある）「30」です。

それに対して、前の項のようにデータ数が偶数の場合には（前の項ではn=6でした）、真ん中の値は1つに決まらず、候補が2つ現れます。そこで、**折衷案として、その2つの値の平均（算術平均）を求め、それをメジアンとするのです**。たとえば、次のようにデータ数が6個の場合を考えてみると、

10　20　30　40　50　60

メジアンは、下から3番目の「30」と、上から3番目の「40」の平均、すなわち、

$$\frac{30+40}{2} = 35$$

になります。

さて次の項では、また別の代表値「**モード（最頻値）**」について紹介します。

メジアンを定義する

n 個のデータ $x_1 \leq x_2 \leq \cdots \leq x_n$ がある

❶ n が奇数（n＝1、3、5、……）のとき

$n = 2k + 1$ （kは1や2といった自然数なので、2k+1は奇数になる）と置く

$x_1、x_2、\cdots、x_k$、 $\boxed{x_{k+1}}$ 、$x_{k+2}、\cdots、x_{2k}、x_{2k+1}$

k個　　　メジアン　　　k個

たとえば、n＝7、k＝3（7＝2×3＋1）の場合

$x_1、x_2、x_3$、 $\boxed{x_4}$ 、$x_5、x_6、x_7$

3個　　メジアン　　3個

❷ n が偶数（n＝2、4、6、……）のとき

$n = 2k$ （kは1や2といった自然数なので、2kは偶数になる）と置く

$x_1、x_2、\cdots、x_{k-1}$、 $\boxed{x_k、x_{k+1}}$ 、$x_{k+2}、\cdots、x_{2k-1}、x_{2k}$

k－1個　　　　　　　　　　　　　k－1個

$$\frac{x_k + x_{k+1}}{2} \leftarrow \text{メジアン}$$

たとえば、n＝6、k＝3（6＝2×3）の場合

$x_1、x_2$、 $\boxed{x_3、x_4}$ 、$x_5、x_6$

2個　　　　　2個

$$\frac{x_3 + x_4}{2} \leftarrow \text{メジアン}$$

もっとも多い値はどれだ！モード（最頻値）とは？

復習もかねて、5つの会社の月給の例についてもう一度見てみましょう。5つの会社の平均とメジアン（中央値）は、以下のとおりです。

	1	2	3	4	5	6	平均	メジアン
A社	40	40	40	40	40	40	40	40
B社	20	30	40	40	50	60	40	40
C社	20	20	20	60	60	60	40	40
D社	20	20	20	50	60	70	40	35
E社	20	20	20	20	20	140	40	20

ここで、もう1つの代表値、**モード**を紹介します。これは**最頻値**、**並み値**とも呼ばれます。

さて、**モードとは、もっとも度数が多い階級値のこと**です。それぞれのヒストグラムを参照してください（**21ページ**）。この場合は、階級値がそのままデータの値と等しいので、モードはもっとも多いデータの値と一致します。

従って、A社、B社なら「40」、D社、E社なら「20」と、ズバリ1つに決まります。特にE社の場合には、前の項で述べたように、平均の40万円よりも、モードの20万円のほうが代表値としてはふさわしいでしょう。

しかしC社の場合、もっとも多いデータの値が、「20」「60」と2つあり、1つに決められません。残念ながらこのような場合、モードは有効な代表値にはなりません。

さて、次の項から、ばらつきを測る値について解説します。

第1章 データの特徴量

モード（最頻値）の求め方

> モードとは、
> データの中にもっとも多くある値のこと
> （度数の多い階級値）

● 先ほどの月給の例でモードを求めてみよう

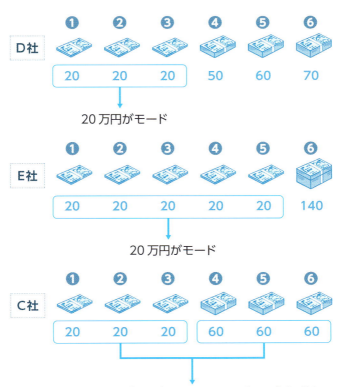

D社
① ② ③ ④ ⑤ ⑥
20 20 20 50 60 70
↓
20万円がモード

E社
① ② ③ ④ ⑤ ⑥
20 20 20 20 20 140
↓
20万円がモード

C社
① ② ③ ④ ⑤ ⑥
20 20 20 60 60 60
↓
月給20万円のグループと月給60万円のグループが同数なので、モードは決まらない（あえて20万など、どちらかにすることもできなくはないが、最頻値ではなくなる）

11 データのばらつきを表す「レンジ」（範囲）とは？

さて、この項からしばらく、データのばらつきについて考えてみましょう。ここでは、以下のA社とB社の給料を例にして考えてみます。

	1	2	3	4	5	6	平均	メジアン	モード
A社	40	40	40	40	40	40	40	40	40
B社	20	30	40	40	50	60	40	40	40

平均、メジアン、モードの3つの代表値はすべて「40」と一致していますが、A社の場合はB社に比べて、データの値が代表値の周りに集中しています。このようなばらつきぐあいを表すには、どのような値を考えればよいのでしょうか。

おそらくデータの範囲に着目する方法が、もっとも単純でしょう。つまり、データの最大値から最小値を引いた値です。この値は「**レンジ**」（**範囲**）と呼ばれ、ばらつきの尺度としてはもっとも粗いものの、簡単に算出できます。

たとえば、上の例でそれぞれレンジを求めると、A社の場合は、

$40 - 40 = 0$（レンジが0なので、ばらつきはない）

B社の場合は、

$60 - 20 = 40$（レンジが40と大きいので、ばらつきも大きい）

となり、ばらつきの様子がそれなりにわかります。

しかし、実際にレンジが使われることはあまりありません。理由は、たんに最大値、最小値のみによるので、**データの中に**

異常ともいえる極端に大きい(または小さい)値が1つでも紛れ込んでいると、この異常値に左右されてしまうからです。

次の項では、また別の尺度を考えてみましょう。

異常値に左右されてしまう「レンジ」

A社とB社の月給のばらつきを測りたい

データのレンジ(範囲)を考えてみる

レンジとはデータの最大値から最小値を引いたもの

A社
- ❶ 40
- ❷ 40
- ❸ 40
- ❹ 40
- ❺ 40
- ❻ 40

最大値＝40万円　最小値＝40万円
レンジ＝最大値－最小値＝40－40＝0
従って、レンジは0万円

B社
- ❶ 20
- ❷ 30
- ❸ 40
- ❹ 40
- ❺ 50
- ❻ 60

最大値＝60万円　最小値＝20万円
レンジ＝最大値－最小値＝60－20＝40
従って、レンジは40万円

> 以上により、今回のケースではB社のほうがA社よりもデータがばらついていることが数値化できた。しかし、極端に大きな値や小さな値(異常値)が1つでもあると、結果に大きな影響を与えてしまうので、実用的ではない

データのばらつきを測るには？
偏差を平均してもだめ

前の項では、データのばらつきを測る尺度として**レンジ**（**範囲**）を紹介しました。このレンジはたんに、最大値から最小値を引いた値にすぎません。ばらつきの1つの目安になるとはいえ、データ数が多くなればなるほど、その中のたった2点だけの情報から、ばらつきの度合いを表すのは、危険な場合があります。異常に大きな値や小さな値が存在すると、その値に直接影響を受けてしまうからです。従って、計算がさほど複雑でなければ、「**すべてのデータを用いたばらつきの尺度**」が望ましいと考えられます。

平均はデータの代表値の1つで、平均値の周りにおけるばらつき度合を見れば、データ全体の傾向がわかる場合が多いのです。平均値の周りにおけるばらつきの度合いを、**データと平均の差**に着目して考えてみましょう。この値を「偏差」といいます。

たとえばA社、B社の場合は、以下のようになります。

	1	2	3	4	5	6	平均
A社	40	40	40	40	40	40	40
偏差	0	0	0	0	0	0	0
B社	20	30	40	40	50	60	40
偏差	−20	−10	0	0	10	20	0

偏差の和は、上の例でわかるように「0」になります。そして、偏差の和をデータ数で割った偏差の平均も「0」になります。実は、右ページの計算でわかるように、**偏差の平均はどんな場**

合でも「0」になるのです。これではデータ間の比較もできず、残念ながら、ばらつきの度合いを表す値としては使えません。

次の項ではさらに検討を進めましょう。

偏差の平均は常に0になってしまう

n個のデータ $x_1、x_2、\cdots、x_n$ が与えられたとき、
平均 $\bar{x}$ は次のようになる

$$\bar{x} = \frac{x_1 + x_2 + \cdots + x_n}{n} \quad \cdots\cdots ★$$

このとき、
偏差とは、各データから平均$\bar{x}$を引いた値となる。
すなわち、

$$x_1-\bar{x}、x_2-\bar{x}、\cdots、x_n-\bar{x}$$

である。従って、

偏差の平均 $= \dfrac{(x_1-\bar{x})+(x_2-\bar{x})+\cdots+(x_n-\bar{x})}{n}$

右辺の分子 $= x_1+x_2+\cdots+x_n-n\bar{x}$

$= x_1+x_2+\cdots+x_n-(x_1+x_2+\cdots+x_n)$

$\bar{x}$の定義 ★ より

ゆえに　偏差の平均 $= 0$

データのばらつきを表すには偏差を2乗する「分散」が便利!

前の項では、偏差、つまりデータと平均との差に着目して、その平均を考えることにより、ばらつきの尺度にしようとしました。しかし、偏差の平均はいつも「0」になるため、尺度としては不適当です。これは偏差にマイナスのものがあるからで、これをなくすためには、「**絶対値（プラスやマイナスを考えない値）**」か、「**2乗すること**」が考えられます。そこでまず、偏差の絶対値の平均を考えてみましょう。たとえばA社、B社の場合は、

	1	2	3	4	5	6	平均
A社	40	40	40	40	40	40	40
偏差の絶対値	0	0	0	0	0	0	0
B社	20	30	40	40	50	60	40
偏差の絶対値	20	10	0	0	10	20	0

なので、

A社の場合は $\dfrac{0+0+0+0+0+0}{6} = 0$

B社の場合は $\dfrac{20+10+0+0+10+20}{6} = 10$

となります。

偏差の絶対値の平均は「**平均偏差**」と呼ばれます。これで解決といいたいところですが、またしても不都合なことがあります。実は、**絶対値というのは（微分できないなど）数学的に意外に扱いづらいのです**。そのため、実際に平均偏差が用いられ

るほとはとんどありません。では、なにがよく用いられるのでしょうか？ 結論から先にいうと、**偏差の2乗の平均**です。これは「**分散**」と呼ばれます。次の項では実際に分散を計算してみましょう。

偏差の2乗の平均が「分散」

n個のデータ x_1、x_2、…、x_n が与えられたとき、偏差は平均 $\bar{x}$ を用いて次のようになる

$$x_1 - \bar{x},\ x_2 - \bar{x},\ \cdots,\ x_n - \bar{x}$$

偏差の平均は0になってしまうため、偏差の絶対値の平均を考えてみる

$$\text{偏差の絶対値の平均} = \frac{|x_1 - \bar{x}| + |x_2 - \bar{x}| + \cdots + |x_n - \bar{x}|}{n}$$

しかし絶対値「| |」は、数字的に扱いにくいので、

偏差の2乗の平均を考える。これを分散という

$$\text{分散} = \frac{(x_1 - \bar{x})^2 + (x_2 - \bar{x})^2 + \cdots + (x_n - \bar{x})^2}{n}$$

分散はばらつきを表す尺度となる

1-14 分散を使ってデータのばらつきを計算する方法

この項では、実際に各社の分散を計算してみましょう。

	1	2	3	4	5	6	平均
A社	40	40	40	40	40	40	40
偏差の2乗	0	0	0	0	0	0	0
B社	20	30	40	40	50	60	40
偏差の2乗	400	100	0	0	100	400	約13

なので、

A社 $\dfrac{0+0+0+0+0+0}{6} = 0$

B社 $\dfrac{400+100+0+0+100+400}{6} \fallingdotseq 167$ $\sqrt{167} \fallingdotseq 13$

と計算できます。同様に、他社についての結果を右ページに紹介しておきます。もちろん分散でも、分布のばらつきの程度を表す値として適当ですが、実際には、**分散の平方根を取った値**を用いることが多いのです。この値は「**標準偏差**」と呼ばれます。

各社の標準偏差の値を計算すると、以下のようになります。

	A社	B社	C社	D社	E社
標準偏差	0	13	20	21	45

標準偏差によるばらつきの度合いは、A社、B社、C社、D社、E社の順に大きくなっています。直感によるばらつきの度合いが、平均値の周りのばらつきの度合いに対応しているとすると、この順番は**21ページ**のヒストグラムの形から、ほぼ妥当なものと理解できるでしょう。しかし、**C社（20）とD社（21）**

の値にほとんど差がないことを、ヒストグラムから推測するのは難しいはずです。

次の章では、統計を学ぶための確率の基礎について学びます。

分散と標準偏差

$$分散 = \frac{(x_1-\overline{x})^2+(x_2-\overline{x})^2+\cdots+(x_n-\overline{x})^2}{n}$$

前項で紹介した分散の平方根も、
ばらつきを表す量としてよく使われる

$$標準偏差 = \sqrt{分散} = \sqrt{\frac{(x_1-\overline{x})^2+(x_2-\overline{x})^2+\cdots+(x_n-\overline{x})^2}{n}}$$

これらを用いると、

C社 　**平均 $\overline{x}=40$**

月給	20	20	20	60	60	60
偏差の2乗	400	400	400	400	400	400

$$分散 = \frac{400+400+400+400+400+400}{6} = 400$$
$$標準偏差 = \sqrt{400} = 20$$

D社 　**平均 $\overline{x}=40$**

月給	20	20	20	50	60	70
偏差の2乗	400	400	400	100	400	900

$$分散 = \frac{400+400+400+100+400+900}{6} ≒ 433$$
$$標準偏差 = \sqrt{433} ≒ 21$$

E社 　**平均 $\overline{x}=40$**

月給	20	20	20	20	20	140
偏差の2乗	400	400	400	400	400	10000

$$分散 = \frac{400+400+400+400+400+10000}{6} = 2000$$
$$標準偏差 = \sqrt{2000} ≒ 45$$

章末練習問題 ①

問題 1・1 G社の月給は以下のとおりでした。平均、メジアン、分散、標準偏差を求めてください。

G社	30	30	40	40	50	50

(単位:万円)

問題 1・2 H社の月給は以下のとおりでした。平均、メジアン、モード、分散、標準偏差を求めてください。

H社	10	10	10	10	10	190

(単位:万円)

問題 1・3 I社の月給は以下のとおりでした。平均、メジアン、モード、分散、標準偏差を求めてください。

I社	0	0	0	0	0	240

(単位:万円)

第1章　データの特徴量

1・1
解答

平均 $=(30+30+40+40+50+50)\div 6 = 40$

メジアン $=(40+40)\div 2 = 40$

分散 $=\dfrac{(30-40)^2+(30-40)^2+(40-40)^2+(40-40)^2+(50-40)^2+(50-40)^2}{6} \fallingdotseq 67$

標準偏差 $=\sqrt{67} \fallingdotseq 8$

1・2
解答

平均 $=(10+10+10+10+10+190)\div 6 = 40$

メジアン $=(10+10)\div 2 = 10$

モード $= 10$

分散 $=\dfrac{5\times(10-40)^2+(190-40)^2}{6}=\dfrac{27000}{6}=4500$

標準偏差 $=\sqrt{4500} \fallingdotseq 67$

1・3
解答

平均 $=(0+0+0+0+0+240)\div 6 = 40$

メジアン $=(0+0)\div 2 = 0$

モード $= 0$

分散 $=\dfrac{5\times(0-40)^2+(240-40)^2}{6}=8000$

標準偏差 $=\sqrt{8000} \fallingdotseq 89$

1 さまざまな仮想通貨の時価総額、先頭の数字を調べてみると？

　「はじめに」でも少しふれましたが、Column 1〜3では、データの不正を見抜けるかもしれない**法則X**について解説していきましょう。

　法則Xは、「国別の人口など、ある種のデータの先頭となる数字の割合は、法則Xに従う」というものです。データの先頭の数字になり得るのは、1、2、3、4、5、6、7、8、9の9種類ですが、直感的には「これら9種類の数字は均等に出る」といえます。つまり、それぞれの数字は、$\frac{1}{9}=0.111\cdots$の確率、すなわち、約11％ずつ出現すると予想されます。

　これを検証するため、ここでは、**仮想通貨**の**時価総額**について調べました。最近話題なので、皆さんも仮想通貨という言葉を聞いたことはあるでしょう。

　仮想通貨の中でいちばん時価総額が大きいのは、**ビットコイン**です。仮想通貨はビットコインだけではなく、2019年2月16日時点で、なんと2000種類近くもあります。そして、このビットコインだけで、全体のほぼ半分を占めます。ここでいう時価総額とは、仮想通貨の発行量に価格をかけたもので、仮想通貨の規模や価値を示すものともいえます。仮想通貨全体の時価総額は約13兆円です。

　ビットコインの価格は、2017年1月ごろ、1BIT（ビットコインの通貨単位）が10万円前後だったのですが、その年の12月ごろには、まさにバブル的な高騰により、一時は200万円を超えました。

　そこで筆者は、さまざまな仮想通貨の時価総額がわかる「Coin MarketCap」（https://coinmarketcap.com/ja/）で、1154種類の仮想通貨について、時価総額の先頭の数字を調べてみました。ビットコインであれば約7兆円、正確には、7,046,418,626,883円なので、その先頭の数字は「7」です。結果は次のColumn 2で紹介しましょう。

第2章
確率の基礎

本書の後半で学ぶ統計を理解するために必要な、**確率の基礎**について解説します。具体的には、「和事象」「積事象」「余事象」「排反事象」「独立事象」などのさまざまな事象、また、「確率」や「条件つき確率」の定義、「加法定理」「乗法定理」についても学習します。

2-1 「標本点」「標本空間」と「事象」を知る

第2章では、統計を支える「確率」について解説します。

コインを1回投げたとき、結果は「表」か「裏」しかありません。もちろん、「ふちを使ってコインが立つ」というような結果は考えません。

このような、起こりうる個々の結果を「**標本点**」といい、その全体の集合を「**標本空間**」といいます。ふつう、標本空間はΩ（オメガの大文字）の記号で表されます。コインを1回投げたときの例では、標本空間はΩ = {表、裏} となります。標本点は、もちろん、「表」や「裏」です。

サイコロを1回投げたときは、標本空間はΩ = {1、2、3、4、5、6} となります。この場合の標本点は「1」「2」「3」「4」「5」「6」の6点となります。

次に、標本空間に含まれる集合（部分集合）は「**事象**」と呼ばれます。いいかえれば、事象とは「起こりうる事柄」のことです。コインを1回投げる例では、標本空間は、Ω = {表、裏} でした。このとき、その部分集合である事象は、以下の4つが存在します。

ϕ、{表}、{裏}、{表、裏}

最初にでてくる「ϕ」は「ファイ」と読み、標本点を1つも含まず、決して起こらない結果の事象のことです。

従って、この事象は「**空事象**」と呼ばれます。また、最後の{表、裏}は標本空間Ωに一致していて、特に「**全事象**」と呼ばれます。

次の項では、さまざまな事象について考えましょう。

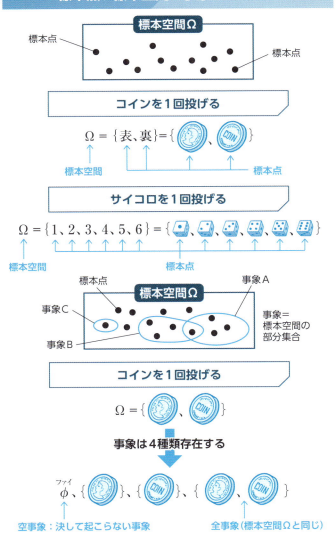

2 事象にはいろいろある！「和事象」「積事象」「余事象」

前の項で、標本空間の部分集合、つまり事象について紹介しました。この項では、事象の関係について考えます。以下、サイコロを1回投げる例、つまり標本空間が、

$\Omega = \{1、2、3、4、5、6\}$

の場合について説明します。

事象Aと事象Bのうち少なくとも1つが起こるという事象は、事象Aと事象Bの「**和事象**」といいます。「**A∪B**」で表し、「**エー・カップ・ビー**」と読みます。

たとえば、

A = 偶数の目がでる事象 = $\{2、4、6\}$
B = 2以下の目がでる事象 = $\{1、2\}$

の場合、AとBの和事象であるA∪Bは以下のとおりです。

$A \cup B = \{1、2、4、6\}$

次に、事象Aと事象Bが同時に起こるという事象は、事象Aと事象Bの「**積事象**」といいます。「**A∩B**」で表し、「**エー・キャップ・ビー**」と読みます。たとえば、上と同じA = $\{2、4、6\}$、B = $\{1、2\}$の場合には、A∩B = $\{2\}$ となります。

また、「事象Aが起こらない」という事象をAの「**余事象**」といい、「**$\overline{A}$**」で表し、「**エー・バー**」と読みます。たとえばA = $\{2、4、6\}$の場合、$\overline{A}$ = $\{1、3、5\}$（= 奇数の目がでる事象）です。

次の項では、いよいよ確率について説明しましょう。

事象の関係を考える

サイコロを1回投げる場合を考える

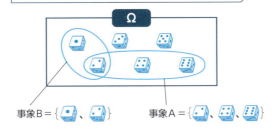

事象B = { ⚀, ⚁ }　　　事象A = { ⚁, ⚂, ⚅ }

事象Aと事象Bの和事象 = A∪B = { ⚀, ⚁, ⚂, ⚅ }

事象Aと事象Bの積事象 = A∩B = { ⚁ }

事象Aの余事象 = $\overline{A}$ = { ⚀, ⚂, ⚄ }

一般の場合

A∪B

A∩B

$\overline{A}$

2-3 ズバリ定義! 確率とはなんぞや!?

この項では、「**確率**」について考えます。

確率とは、まさしく「確(たし)」からしさの「率」で、事象Aの起こる確率は「**P(A)**」と書かれ、読み方は「**ピー・エー**」です。確率は英語で「probability」なので、その頭文字が取られています。

P(A)の取る値は、0と1の間で、「0」のときは、事象Aが絶対に起こらないことを表し、逆に「1」のときは、かならず起こることを表します。本書で扱うΩの個数は有限個なので、このようにいいきれます。

以下、サイコロを1回投げる場合について少し考えてみましょう。ただし、サイコロに細工はなく、かたよりがない(どの目も同じようにでる)ものとします。

このとき全事象Ωは、Ω = {1, 2, 3, 4, 5, 6} です。この標本点の個数(これは|Ω|と表され、「**オメガ・バー**」などと読みます)は6個です。

一方、事象Aを「偶数の目がでる」とすると、A = {2, 4, 6} です。この標本点の個数|A|は、|A| = 3 になります。

従って、サイコロにかたよりがないとき、事象Aの起こる確率、すなわち偶数の目のでる確率は、

$$P(A) = 偶数の目のでる確率 = \frac{|A|}{|\Omega|}$$

$$= \frac{(偶数のでる事象の標本点の個数)}{(全事象の標本点の個数)} = \frac{3}{6} = \frac{1}{2}$$

と定義できることになります。**この結果は直感の$\frac{1}{2}$と一致する**

はずです。次の項では、ここで述べたことを一般の場合に、もう少し広げてみましょう。

サイコロの確率とは？

サイコロを1回投げる場合を考える

1の目がでる事象 = $\{⚀\}$

$|\Omega| = |\{⚀、⚁、⚂、⚃、⚄、⚅\}| = 6$

↑
標本空間Ωの標本点の個数

$|A| = |\{⚁、⚃、⚅\}| = 3$

↑
事象Aの標本点の個数

このとき

$$P(A) = \frac{|A|}{|\Omega|} = \frac{3}{6} = \frac{1}{2}$$

↑
事象Aの起こる確率

2-4 「事象の確率」をより一般的に考えると？

ここでは、前項をもう少し一般化した場合について考えてみましょう。

サイコロ投げのように、何回も繰り返すことができ、その結果が偶然に左右される実験や観察（試行）で起こりうる全事象Ωの個数をNとします。すなわち、$|\Omega| = N$です。

たとえば、サイコロを1回投げる場合は、$\Omega = \{1, 2, 3, 4, 5, 6\}$なので、N = 6になります。

さらに、これが重要なことですが、**どの場合もかたよりなく起こる**とします。

このとき、事象Aの標本点の個数がa個ならば、つまり$|A| = a$（サイコロを1回投げるとき、偶数の目がでる事象Aならば、$a = |3|$となる）ならば、事象Aの確率P(A)は次のようになります。

$$P(A) = (事象 A の起こる確率)$$
$$= \frac{|A|}{|\Omega|} = \frac{(事象 A の標本点の個数)}{(全事象の標本点の個数)} = \frac{a}{N}$$

これが、事象Aの起こる確率P(A)です。

前の項で計算したように、サイコロを1回投げるときの、奇数の目がでる事象Aの確率P(A)を、上の式を用いて求めてみましょう。このときは、$|A| = a = 3$、$|\Omega| = N = 6$なので、以下のようになります。

$$P(A) = 奇数の目のでる確率 = \frac{a}{N} = \frac{3}{6} = \frac{1}{2}$$

次の項では、コイン投げの例について計算してみましょう。

一般の事象の確率とは？

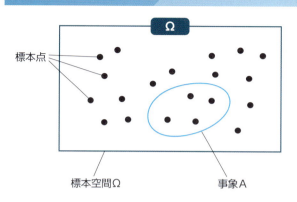

標本空間Ωの標本点の個数
$= |\Omega| = N$
(ここでは $|\Omega| = N = 20$)

事象Aの標本点の個数
$= |A| = a$
(ここでは $|A| = a = 4$)

事象Aの確率 $P(A)$

$$P(A) = \frac{\text{事象Aの標本点の個数 }|A|}{\text{全事象の標本点の個数 }|\Omega|}$$

$$= \frac{a}{N} \quad \left(\text{ここでは} \frac{|A|}{|\Omega|} = \frac{4}{20} = 0.2\right)$$

「コインの確率」で確率の簡単な計算をしてみる

前の項では、事象Aに対する確率P(A)の定義を述べました。この項では、それにもとづいて簡単な計算をしてみましょう。

以下、かたよりのないコインを1回投げる場合を考えます。

このとき、起こりうるすべての場合が「表」と「裏」です。ですから全事象Ωは、Ω = {表、裏}で、|Ω|（全事象の標本点の個数）= 2となります。しかも「かたよりがない」コインなので、表と裏のいずれが起こることも同様に確からしい、と考えられます。

事象Aの標本点の個数は|A|と表されるので、一般に事象Aの確率、すなわちP(A)は、次のようになります。

$$P(A) = \frac{|A|}{|\Omega|} = \frac{|A|}{2}$$

たとえば、A = {表}のとき、|A| = 1なので、

$$P(A) = 表がでる確率 = \frac{1}{2}$$

となります。これを、P({表}) = $\frac{1}{2}$ と書くこともあります。同様に、P({裏}) = $\frac{1}{2}$ が導かれます。

また、空事象φは標本点がないので|φ| = 0です。従って、

$$P(\phi) = \frac{|\phi|}{|\Omega|} = \frac{0}{2} = 0$$

となります。実は上の計算からわかるように、**この関係、P(φ) = 0は、コイン投げにかぎらず、どんな場合でも成立**します。

一方、全事象Ωに対しては、P(Ω) = $\frac{|\Omega|}{|\Omega|}$ = 1となります。**この関係、P(Ω) = 1も、コイン投げにかぎらず、どんな場合でも**

成立します。次の項では、「丁半賭博(ちょうはんとばく)」を例に確率を計算しましょう。

表と裏の確率は？

コインを1回投げる

事象は4種類ある

$$\phi、\{\text{表}\}、\{\text{裏}\}、\{\text{表}, \text{裏}\} \atop {=\Omega}$$

ここで、それぞれの事象の個数は

$$|\phi| = 0、\quad |\{\text{表}\}| = |\{\text{裏}\}| = 1、\quad |\Omega| = 2$$

確率を求める式　$P(A) = \dfrac{|A|}{|\Omega|}$ より、

$$P(\phi) = \frac{|\phi|}{|\Omega|} = \frac{0}{2} = 0$$

$$P(\{\text{表}\}) = \frac{|\{\text{表}\}|}{|\Omega|} = \frac{1}{2}$$

$$P(\{\text{裏}\}) = \frac{|\{\text{裏}\}|}{|\Omega|} = \frac{1}{2}$$

$$P(\Omega) = \frac{|\Omega|}{|\Omega|} = \frac{2}{2} = 1$$

実は一般の場合でも $P(\phi) = 0$、$P(\Omega) = 1$ である

丁半賭博で「丁がでる確率」と「半がでる確率」は？

この項では、丁半賭博の「丁」の目（合計が偶数になる）がでる確率と、「半」の目（合計が奇数になる）がでる確率をそれぞれ求めてみましょう。

2個のサイコロを投げる場合、全事象の標本点の数$|\Omega|$は、右ページのように、$|\Omega| = 6 \times 6 = 36$個となります。

このとき、丁の目がでる事象をAとすると、以下の18個の標本点からなることがわかります。すなわち、

A（丁の目がでる事象）
= {(1, 1)、(3, 1)、(2, 2)、(1, 3)、(5, 1)、(4, 2)、(3, 3)、
(2, 4)、(1, 5)、(6, 2)、(5, 3)、(4, 4)、(3, 5)、(2, 6)、
(6, 4)、(5, 5)、(4, 6)、(6, 6)}

従って、$|A| = 18$なので、丁の目がでる確率P(A)は、

$$P(A) = \frac{|A|}{|\Omega|} = \frac{18}{36} = \frac{1}{2}$$

と計算されます。一方、半の目がでる事象Bの確率も同じようにして求められます。つまり、

B（半の目がでる事象）
= {(2, 1)、(1, 2)、(4, 1)、(3, 2)、(2, 3)、(1, 4)、(6, 1)、
(5, 2)、(4, 3)、(3, 4)、(2, 5)、(1, 6)、(6, 3)、(5, 4)、
(4, 5)、(3, 6)、(6, 5)、(5, 6)}

となるので、$|B| = 18$です。従って、

$$P(B) = \frac{|B|}{|\Omega|} = \frac{18}{36} = \frac{1}{2}$$

が得られます。丁も半も、でる確率は$\frac{1}{2}$で等しいのです。

丁半の確率を知る

2個のサイコロ「X」「Y」を投げる

Yの目 Xの目	1	2	3	4	5	6
1	(1、1)	(1、2)	(1、3)	(1、4)	(1、5)	(1、6)
2	(2、1)	(2、2)	(2、3)	(2、4)	(2、5)	(2、6)
3	(3、1)	(3、2)	(3、3)	(3、4)	(3、5)	(3、6)
4	(4、1)	(4、2)	(4、3)	(4、4)	(4、5)	(4、6)
5	(5、1)	(5、2)	(5、3)	(5、4)	(5、5)	(5、6)
6	(6、1)	(6、2)	(6、3)	(6、4)	(6、5)	(6、6)

(i、j)：i＝Xのでた目、j＝Yのでた目

■ 事象A＝丁の目がでる＝合計が偶数

□ 事象B＝半の目がでる＝合計が奇数

上の表からわかるように、

$$|A| = |B| = 18 \quad \text{※}|\Omega|=6\times 6=36\text{に注意!}$$

従って、

$$P(A) = \frac{|A|}{|\Omega|} = \frac{18}{36} = \frac{1}{2}$$

$$P(B) = \frac{|B|}{|\Omega|} = \frac{18}{36} = \frac{1}{2}$$

以上のことから、

丁の目がでる確率と半の目がでる確率は等しい

2-7 同時に起こらない「排反事象」とは？

前の項では、丁半賭博の確率を計算しましたが、この項では、**同時に起こらない事象**について説明します。

事象Aと事象Bとが共通部分をもたないとき、すなわち、

$A \cap B = \phi$

の場合、一方が起これば、他方は決して起こらないので、事象Aと事象Bは「**排反事象**」であるといいます。たとえば、コインを1回投げる場合を考えましょう。事象A、Bを以下のように考えます。

A = 表がでる = {表}
B = 裏がでる = {裏}

すると、**明らかに事象Aと事象Bは同時に起こらないので、排反事象**です。実際、確かに、$A \cap B = \phi$ が成立しています。

サイコロを投げて
A = 偶数の目がでる = {2、4、6}
B = 奇数の目がでる = {1、3、5}

とすると、**事象Aと事象Bは同時に起こらないので、この場合もA∩B＝φ が成り立っています**。

では、前の項で紹介した、2個のサイコロを投げて合計の目が偶数か奇数かで賭博をする、丁半賭博の場合を考えてみましょう。

A = 丁の目がでる = 合計が偶数
B = 半の目がでる = 合計が奇数

とすると、事象Aと事象Bは同時に起こらないので、

$A \cap B = \phi$

です。すなわち、**事象Aと事象Bは排反事象**になります。次の項では、排反事象の確率について説明しましょう。

排反事象は共通部分がない

事象AとBが共通部分をもたない

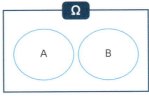

$A \cap B = \phi$

このとき、AとBは**排反事象**であるという

丁半賭博の例では、

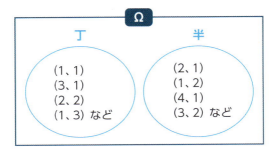

となり、丁の目のでる事象と半の目のでる事象は、排反事象となっている。排反事象となっていないと、賭博が混乱してしまう

2-8 排反事象のときの「事象」同士の関係は?

事象AとBが排反事象のとき、事象の間にはどんな関係があるのでしょうか。たとえば、ジョーカーを除いた52($= 13 \times 4$)枚のトランプを考えます。1枚のカードを引いたとき、事象A、Bを「A = スペードのカード」、「B = クラブのカード」とすると、$P(A) = P(B) = \frac{13}{52} = \frac{1}{4}$ となります。また、**スペードでしかもクラブのカードはないので、事象A、Bは排反事象**です。一方、$A \cup B$ はスペードかクラブのカードなので、$P(A \cup B) = \frac{26}{52} = \frac{1}{2}$ となります。従って、以下が成り立っています。

$$P(A \cup B) = \frac{1}{2} = \frac{1}{4} + \frac{1}{4} = P(A) + P(B)$$

一般に、事象Aと事象Bが排反事象のとき、次の式が成り立ち、「**加法定理**」と呼ばれます。加法とは、たし算のことです。

$$P(A \cup B) = P(A) + P(B)$$

なぜなら、事象Aと事象Bが排反事象のとき、右ページのように、Aの標本点の個数$|A|$とBの標本点の個数$|B|$を加えると、$A \cup B$の標本点の個数$|A \cup B|$に一致するので、

$$|A \cup B| = |A| + |B|$$

が成立します。

従って、両辺を全事象の標本点の個数$|\Omega|$で割ると、

$$\frac{|A \cup B|}{|\Omega|} = \frac{|A|}{|\Omega|} + \frac{|B|}{|\Omega|}$$

さらに、確率の定義 $P(A) = \frac{|A|}{|\Omega|}$ を用いると、$P(A \cup B) =$

P(A)+P(B)という加法定理が得られるのです。

次の項では余事象の確率について学びます。

加法定理

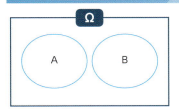

$$|A \cup B| = |A| + |B|$$

両辺を$|\Omega|$で割る

$$\frac{|A \cup B|}{|\Omega|} = \frac{|A|}{|\Omega|} + \frac{|B|}{|\Omega|}$$

確率の定義より

$$P(A \cup B) = P(A) + P(B)$$

AとBは排反事象なので、A∩B＝φ である。
従って、

AとBが排反事象のとき、
$$P(A \cup B) = P(A) + P(B) \quad \text{(加法定理)}$$

トランプの例

A（スペードのカードを引くこと）と
B（クラブのカードを引くこと）は
排反事象（同時に起こらない）
すなわち、A∩B＝φ
このときの全事象の個数$|\Omega|=52$
事象Aの個数$|A|=$事象Bの個数$|B|=13$

スペードのカードを引く確率P(A)は、 $P(A) = \frac{1}{4}$

クラブのカードを引く確率P(B)は $P(B) = \frac{1}{4}$

$$P(A \cup B) = \frac{1}{2}$$

なので、確かに、

$$P(A \cup B) = \frac{1}{2} = \frac{1}{4} + \frac{1}{4}$$
$$= P(A) + P(B)$$

加法定理が成立している

「余事象(〜でない事象)」が発生する確率は?

さて、44ページで、事象Aが起こらないという事象をAの「余事象」といい、$\overline{A}$と書くことを学びました。

たとえば、2個のサイコロを投げる丁半賭博の場合、事象「丁の目がでる(合計が偶数になる)」に対し、余事象は「半の目がでる(合計が奇数になる)」です。

以下、一般の事象Aに対し、$P(A)$と$P(\overline{A})$の関係を求めるため、まず、丁半賭博の場合について考えましょう。

丁の目がでる事象Aの確率$P(A)$は、$P(A)=\frac{1}{2}$でした。一方、半の目がでる余事象$\overline{A}$の確率$P(\overline{A})$も、$P(\overline{A})=\frac{1}{2}$となることは、すでに52ページで説明しました。この両者を加えると、

$$P(A)+P(\overline{A})=\frac{1}{2}+\frac{1}{2}=1$$

となりますが、この結果は偶然ではありません。実は、**どんな事象Aに対しても上の式は成立する**のです。なぜなら、事象Aとその余事象(事象Aが起こらないという事象)は共通部分をもたないので、

$$A \cap \overline{A} = \phi$$

の関係が成立します。従って、**どんな場合でもAと$\overline{A}$は排反事象である**ことがわかります。そこで、前の項で習った加法定理を用いると、$P(A \cup \overline{A})=P(A)+P(\overline{A})$が成り立ちます。

一方、$A \cup \overline{A} = \Omega$より、$P(A \cup \overline{A})=P(\Omega)=1$なので、

$$P(A)+P(\overline{A})=1$$

になることがわかります。

次の項では、条件つき確率について考えてみましょう。

事象が起こらない確率

2個のサイコロを投げる例

丁の目がでる確率 P(A)　$P(A) = \dfrac{1}{2}$

半の目がでる確率 P(A)　$P(\overline{A}) = \dfrac{1}{2}$

ゆえに、
$$P(A) + P(\overline{A}) = \dfrac{1}{2} + \dfrac{1}{2} = 1$$

実は一般の事象Aでも $P(A) + P(\overline{A}) = 1$ は成立

一般の場合

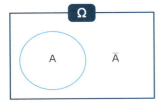

Aと$\overline{A}$は共通部分がない

(Aと$\overline{A}$は排反事象で $A \cap \overline{A} = \phi$)

加法定理から、$P(A \cup \overline{A}) = P(A) + P(\overline{A})$

事象Aと余事象 $\overline{A}$ を合わせたものが全事象Ωで、$P(\Omega) = 1$ であるから、

$$P(A) + P(\overline{A}) = 1$$

これは、 $P(\overline{A}) = 1 - P(A)$ と書かれることもある

「条件つき確率」とはなにか？

みなさんは、いまから説明する「**条件つき確率**」を、「現在、楽天イーグルスは勝率5割だが、ホーム球場では勝率7割と絶好調だ」「X選手は左投手を苦手としているが、右投手に対する打率は4割近い」などと、日常よく使われる表現の中で、自然と使っています。つまり、最初の例では、「ホーム球場での試合」という条件をつければ、そして2番目の例では、「右投手」という条件をつければ、確率が変わると主張しているのです。

上の例に比べると抽象的ですが、サイコロを1回投げる例について考えてみましょう。このとき、以下の2つの事象を考えます。

A = 1の目がでる　　= {1}
B = 奇数の目がでる = {1, 3, 5}

ここで「奇数の目がでたとき、それが1の目である確率はいくらか」という問題を考えます。奇数の目は、1、3、5の3種類。従って、求める確率は、3個の中から1個が選ばれるので「$\frac{1}{3}$」が答えとなります。このような、**事象Bが起こったときに事象Aが起こる確率をP(A|B)と表し、Bが起こったときにAの起こる「条件つき確率」**といいます。

一般に、P(A|B)は、以下のように求めることができます。

$$P(A|B) = \frac{|A \cap B|}{|B|}$$

上の例では$|A \cap B|\,(=|A|) = 1$、$|B| = 3$なので、

$$P(A|B) = \frac{|A \cap B|}{|B|} = \frac{1}{3}$$

と、同じ結果が得られます。次の項では、「**乗法定理**」を考えます。

条件をつけた場合の確率

サイコロを1回投げる例

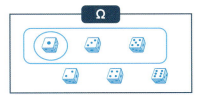

1の目がでる事象 A = { }

奇数の目がでる事象 B = { ⚀、⚂、⚄ }

奇数がでて、それが
1の目である事象　A∩B = { ⚀ }

⬇

奇数がでて、それが
1の目である事象　|A∩B| = |{ ⚀ }| = 1

奇数の目がでる事象の個数　|B| = |{ ⚀、⚂、⚄ }| = 3

⬇

P(A|B) = 奇数の目がでたときに の目がでる確率

$$P(A|B) = \frac{|A \cap B|}{|B|} = \frac{1}{3}$$

事象Bが起こったときに事象Aが起こる
「条件つき確率」P(A|B)は、

$$P(A|B) = \frac{|A \cap B|}{|B|}$$

2-11 便利な「乗法定理」を知っておこう!

前の項では、Bが起こったときにAの起こる条件つき確率が $P(A|B) = \dfrac{|A \cap B|}{|B|}$ となることを説明しました。この式は、事象の個数がわかっていないと使えないので、実際には使いにくい場合が多いのです。そこで、確率がわかっていれば使えるような式を導いてみましょう。確率の定義が使えるように、上式の右辺の分子と分母を $|\Omega|$ で割ると、

$$P(A|B) = \dfrac{\dfrac{|A \cap B|}{|\Omega|}}{\dfrac{|B|}{|\Omega|}}$$

となります。

一方、確率の定義より、$P(A \cap B) = \dfrac{|A \cap B|}{|\Omega|}$、$P(B) = \dfrac{|B|}{|\Omega|}$ ですから、

$$P(A|B) = \dfrac{P(A \cap B)}{P(B)}$$

が得られます。これを「**条件つき確率の定義**」とすることもあります。さらに、両辺に $P(B)$ をかけると、

$$P(A \cap B) = P(A|B) \times P(B)$$

となり、この式は**乗法定理**といわれます。乗法とは、かけ算のことです。では前の項の問題を、この乗法定理を用いて解いてみましょう。問題はこうでした。サイコロを1回投げるとき、以下2つの事象を考えます。A = 1の目がでる = {1}、B = 奇数の目がでる = {1、3、5}。このとき $P(A|B)$ (= 奇数の目がでて、それが1の目である確率) はいくらか?

$A \cap B (= \{1\})$ より、$P(A \cap B) = \dfrac{1}{6}$。一方、$P(B) = \dfrac{3}{6} = \dfrac{1}{2}$ なので、乗法定理を用いれば、$P(A|B) = \dfrac{P(A \cap B)}{P(B)} = \dfrac{1}{3}$ と、同じ結果が得られます。

条件つき確率の計算方法

事象Bが起こったときに事象Aが起こる確率(条件つき確率)

$$P(A|B) = \dfrac{|A \cap B|}{|B|}$$

確率の定義を使えるように、右辺の分子、分母を$|\Omega|$で割る

確率の定義
$$P(A \cap B) = \dfrac{|A \cap B|}{|\Omega|}$$

$$P(B) = \dfrac{|B|}{|\Omega|}$$

$$P(A|B) = \dfrac{\frac{|A \cap B|}{|\Omega|}}{\frac{|B|}{|\Omega|}} = \dfrac{P(A \cap B)}{P(B)} \quad \cdots\cdots *$$

$$P(A \cap B) = P(A|B) \times P(B) \quad \textbf{乗法定理}$$

サイコロを1回投げる例

事象A(1の目がでる)
事象B(奇数の目がでる)

A = { ⚀ }
B = { ⚀, ⚂, ⚄ }

よって、AとBが同時に起こっている A∩B = { ⚀ }

$P(A \cap B) = \dfrac{1}{6}$

$P(B) = \dfrac{3}{6} = \dfrac{1}{2}$

*を使うと

$P(A|B) = \dfrac{P(A \cap B)}{P(B)}$

$= \dfrac{\frac{1}{6}}{\frac{1}{2}} = \dfrac{2}{6} \boxed{= \dfrac{1}{3}}$

前の項で求めたものと同じ値

2-12 別の事象に影響を与えないのが「独立事象」

この項では、Bが起こったときにAの起こる条件つき確率が、たんにAの起こる確率と等しい場合を考えます。式で表すと、

$$P(A|B) = P(A)$$

です。このような場合は、Bが起きようが起きまいが、Aの起こる確率は変わりません。従って、AとBは「**独立**」である、または「**独立事象**」であるといいます。

前の項で学んだ乗法定理「$P(A \cap B) = P(A|B) \times P(B)$」に上の式を代入すると、

$$P(A \cap B) = P(A) \times P(B)$$

が得られます。従って、2つの事象AとBが独立であるための条件を、以下のように考えることもできます。

$$P(A \cap B) = P(A) \times P(B)$$

ここで独立事象の例をあげましょう。わかりやすくするために、実際にはあり得ませんが、以下の例を考えます。

阪神タイガースが100試合を終え、60勝40敗、勝率0.6でした。そのうちホーム球場では20試合あり、12勝8敗、こちらの勝率も0.6とします。このとき、事象A、Bを

A＝試合に勝つ、B＝ホーム球場で試合をする

とすると、A∩B＝「ホーム球場で試合をして、しかも勝つ」となるので、$P(A) = \frac{60}{100} = 0.6$、$P(B) = \frac{20}{100} = 0.2$、$P(A \cap B)$

$= \dfrac{12}{100} = 0.12$ と計算できます。従って、

$$P(A \cap B) = 0.12 = 0.6 \times 0.2 = P(A) \times P(B)$$

となり、**事象AとBは独立**になります。つまり、**ホーム球場で試合をすることが、勝敗に影響しない**ことがわかります。

独立事象の計算方法

Bが起こったときにAの起こる確率 P(A|B) が、Aの起こる確率 P(A) と同じとき

$$P(A|B) = P(A)$$

BはAの起こる確率に影響を与えない

AとBは独立（独立事象）

$$P(A \cap B) = P(A|B) \times P(B) \quad \text{乗法定理}$$

$$\boxed{P(A \cap B) = P(A) \times P(B)}$$

阪神タイガースの例で考える

阪神タイガース：100試合中　　60勝40敗：勝率0.6
ホーム球場：　 20試合中　　12勝　8敗：勝率0.6

事象A（試合に勝つ）
$$P(A) = \dfrac{60}{100} = 0.6$$

事象B（ホーム球場で試合をする）
$$P(B) = \dfrac{20}{100} = 0.2$$

事象 A∩B（ホーム球場で試合をし、しかも勝つ）
$$P(A \cap B) = \dfrac{12}{100} = 0.12$$

また、 $P(A) \times P(B) = 0.6 \times 0.2 = 0.12 = P(A \cap B)$

乗法定理が成立しているので、事象Aと事象Bは独立している。
勝敗に場所は影響しないことが確かめられた

章末練習問題 ②

問題 2·1 サイコロを2個投げます。丁(偶数)の目がでたという条件のもとで、それが(6、6)である、条件つき確率を求めてください。

問題 2·2 サイコロを2個投げます。丁(偶数)の目がでたという条件のもとで、その目の和が4以下である、条件つき確率を求めてください。

問題 2·3 サイコロを2個投げます。丁(偶数)の目がでたという条件のもとで、それが(1、2)である条件つき確率を求めてください。

2·1 解答 事象 A = {(6、6)} とします。これは両方のサイコロで「6」がでたということです。また、事象 B = 丁(偶数)がでる = 合計が偶数になる、とします。サイコロを2個投げて、両方のサイコロで「6」がでるという事象 A が起こる確率は、$\frac{1}{36}$ です。また、サイコロを2個投げて、丁(偶数)がでるという確率は、$\frac{18}{36} =$ です。

第2章　確率の基礎量

事象Bが起こったときに事象Aが起こる条件つき確率は、

$P(A|B) = \dfrac{P(A \cap B)}{P(B)}$ で表されますから、$P(A|B) = \dfrac{\frac{1}{36}}{\frac{18}{36}}$ となります。

$\dfrac{\frac{1}{36}}{\frac{18}{36}}$ は、分母と分子に36をかけて $\dfrac{1}{18}$ となるので、

求める確率$P(A|B)$は、$\dfrac{1}{18}$ となります。

2・2 解答 事象A = {(1, 1)、(1, 3)、(2, 2)、(3, 1)}、事象B = 丁（偶数）がでる = 合計が偶数になる、とします。サイコロを2個投げて、両方のサイコロの目の和が偶数で4以下であるという事象Aが起こる確率は、$\dfrac{4}{36}$ です。また、サイコロを2個投げて、丁（偶数）がでるという確率は、$\dfrac{18}{36}$ = です。

事象Bが起こったときに事象Aが起こる条件つき確率は、

$P(A|B) = \dfrac{P(A \cap B)}{P(B)}$ で表されますから、$P(A|B) = \dfrac{\frac{4}{36}}{\frac{18}{36}}$ となります。

すると、求める確率は$P(A|B) = \dfrac{\frac{4}{36}}{\frac{18}{36}} = \dfrac{4}{18} = \dfrac{2}{9}$ となります。

2・3 解答 事象A = {(1, 2)} とします。これは片方のサイコロで1がでて、もう片方のサイコロで2がでたということです。また、事象B = 丁（偶数）がでる = 合計が偶数になる、とします。事象Aが起こったときは、かならず半（奇数）になるので、事象Bが起こったときに事象Aが起こる条件つき確率は、0になります。

すると、求める確率は$P(A|B) = \dfrac{\frac{0}{36}}{\frac{18}{36}} = \dfrac{0}{18} = 0$ となります。

67

2 先頭の数字の出現率には「ベンフォードの法則」があてはまった!

Column 1からの続きです。1154種類の仮想通貨の時価総額について、先頭の数字を調べた結果を、以下の表にまとめました。統計ではこのような数を**度数**といいます。

先頭の数字	1	2	3	4	5	6	7	8	9	合計
度数	362	180	134	107	92	77	90	67	45	1154
%	31.4	15.6	11.6	9.3	8.0	6.7	7.8	5.8	3.9	100.1※

※各度数を総数1154で割って、小数第2位を四捨五入しているので、100ではなく100.1になっている。

予想に反して、先頭の数字の割合は**同じように分布していない**ことがわかります。つまり、$\frac{1}{9}=0.111\cdots$という確率、すなわち、約11%では出現していません。「1」のように**数字が小さいほうが現れやすい**のです。実際に、先頭の数字が「1」である確率は約30%で、ほぼ3分の1です。そして、数が大きくなるに従い、段々と減少し、「9」が現れる確率は約4%になってしまいます。

この仮想通貨の時価総額の先頭の数字の分布が従う法則Xとは、**ベンフォードの法則**です。このように名付けられたのは、1938年に物理学者のフランク・ベンフォード (Frank Benford) がこの法則を提唱したからです。

しかし、この法則はそれ以前の1881年に、天文学者・数学者であり、SF小説作家でもあったサイモン・ニューカムによって提示されていたようです。その詳細はColumn 3で述べましょう。

第3章
確率変数

あまり聞き慣れないかもしれませんが、この章では**確率変数**について丁寧に説明します。その後、確率変数を用いて具体的な事象の確率を計算してみます。さらに、確率変数の「平均」「分散」「標準偏差」を定義し、簡単なサイコロの例で具体的に計算します。

3-1 偶然の結果で値が定まるのが「確率変数」

前の章では、確率の基礎的な性質について学びました。ある現象の各々の場合の確率について説明してきましたね。

この第3章と次の第4章では、それにもとづき、ある現象について、起こりうるすべての場合を取り上げ、各々の場合の確率をまとめて考えるためのいろいろな「**分布**」について考えます。統計を使ってものごとを調べるには、全体を考えることも大切です。そのための準備として、この章では「**確率変数**」について説明しましょう。

サイコロを1回投げる場合を考えてみます。このときでる目の数をXとすると、Xは1、2、3、4、5、6のいずれかの値をとる変数（一定の値をとらない数）です。また、Xがどの値をとるかは、サイコロを投げた結果で決まります。

さて、X = 1という事象、すなわち、1の目がでる事象の確率をP(X = 1)と表せば、

$$P(X = 1) = \frac{1}{6}$$

です。ここで、X = 1という事象は {X = 1} とも表せます。従って、P(X = 1)をP({X = 1})のように表すこともあります。同じように、X = 1以外の場合も、次のように表せます。

$$P(X = 2) = \cdots = P(X = 6) = \frac{1}{6}$$

このように、**なにか（コイン投げやサイコロ投げのように、偶然に左右される現象）を行った結果によって、値が定まる変数**のことを**確率変数**といいます。確率変数は、X、Y、Zなど

の大文字を用いることが多いです。

次の項では、確率変数を用いた計算を紹介しましょう。

確率変数とはなにか?

試行の結果によって、値が決まる変数のこと

確率変数

サイコロを1回投げる例

確率変数Xはでる目の数

　$\{X=1\}$は1の目のでる事象

$$P(X=1) = P(\{X=1\}) = \frac{1}{6}$$

同様に、$P(X=2) = P(X=3) = \cdots = P(X=6) = \frac{1}{6}$

かたよりのないコインを1回投げる例

確率変数Yは、表がでたら「0」、裏がでたら「1」とする

$\{Y=0\}$は表のでる事象 　　$\{Y=1\}$は裏のでる事象

$$P(Y=0) = P(Y=1) = \frac{1}{2}$$

コイン投げやサイコロ投げの結果で決まる値は確率変数である

3-2 確率の性質を利用して、確率を簡単に計算しよう

この項では、確率変数を使っていくつかの具体的な例の確率を計算してみましょう。前の項と同じ例を考えます。

1個のサイコロを投げ、そのでる目の数をXとします。このとき、5以上の目のでる事象は、$\{X=5\}$ あるいは $\{X=6\}$、つまり、$\{X \geq 5\}$ と表せます。従って、$\{X \geq 5\}$ という「5以上の目がでる事象」は、$\{X=5\}$（5の目がでる事象）と $\{X=6\}$（6の目がでる事象）の和集合として表すことができます。すなわち、

$$\{X \geq 5\} = \{X=5\} \cup \{X=6\}$$

です。しかも、$\{X=5\}$ と $\{X=6\}$ は排反事象です。つまり、

$$\{X=5\} \cap \{X=6\} = \phi$$

を満たします。

一方、第2章で紹介した加法定理より、事象Aと事象Bが排反事象ならば、

$$P(A \cup B) = P(A) + P(B)$$

が成り立ちます。従って、$A = \{X=5\}$、$B = \{X=6\}$ と置くと、上の加法定理を使うことができます。そして $A \cup B = \{X \geq 5\}$ であることから、

$$P(X \geq 5) = P(X=5) + P(X=6)$$
$$= \frac{1}{6} + \frac{1}{6} = \frac{2}{6} = \frac{1}{3}$$

となることがわかります。

このように、**一見複雑そうに見える事象の確率も、確率の性**

質をうまく使うことにより、簡単に計算することができます。

次の項では、確率変数を理解するために、「**確率分布**」について説明しましょう。

確率を計算してみる

確率変数Xは、サイコロを1回投げたときにでる目の数

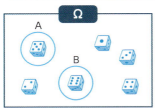

5以上の目がでる事象は、

$\{X \geq 5\} = \{$ 、 □ $\}$
$= \{$ □ $\} \cup \{$ □ $\}$
$= \{X=5\} \cup \{X=6\}$
$= A \cup B$

ここで $A = \{X=5\}$、$B = \{X=6\}$ と置いた
$A \cap B = \phi$ なので、AとBは排反事象となる

⬇

第2章で解説した「加法定理」が使えるので、
$P(A \cup B) = P(A) + P(B)$

⬇

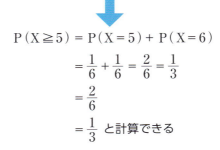

$P(X \geq 5) = P(X=5) + P(X=6)$
$= \dfrac{1}{6} + \dfrac{1}{6} = \dfrac{2}{6} = \dfrac{1}{3}$
$= \dfrac{2}{6}$
$= \dfrac{1}{3}$ と計算できる

3 確率変数とその確率を対応させたのが「確率分布」

この項では**確率分布**について考えてみましょう。ふたたびサイコロを1回投げる例を用います。でる目の数をXとすると、

$$P(X=1) = \cdots = P(X=6) = \frac{1}{6}$$

でした。ここで、確率変数Xのとる値と、それぞれの値をとる確率を表にすると、以下のようになります。

Xの値	1	2	3	4	5	6
確率	$\frac{1}{6}$	$\frac{1}{6}$	$\frac{1}{6}$	$\frac{1}{6}$	$\frac{1}{6}$	$\frac{1}{6}$

上の表のように、**確率変数（この場合はX）のとる値と、その確率を対応させたものを、この確率変数の確率分布**といいます。確率分布により、確率変数Xの値の確率がすぐにわかり、大変便利です。さらに、右図のように棒グラフや折れ線グラフで視覚的に表すと、その確率のばらつきぐあいが一目瞭然となります。

ここで、もう1つ別の例を考えましょう。第2章で述べた丁半賭博の場合です。2つのサイコロを投げ、でた目の合計が丁（偶数）の場合を「Y=0」とし、半（奇数）の場合を「Y=1」とします（丁と半を変数にするためにこのように置きかえます）。確率変数Yのとる値は、0と1しかありません。52ページで計算したように、丁の目も半の目も、でる確率はともに$\frac{1}{2}$でした。つまり、$P(Y=0) = P(Y=1) = \frac{1}{2}$で、確率変数Yの確率分布は次の表のようになります。

Xの値	1	2
確率	$\frac{1}{2}$	$\frac{1}{2}$

確率分布の求め方

確率変数それぞれの確率を調べてみる

〈例1〉 確率変数Xは、サイコロを1回投げたときにでる目の数

$$P(X=1) = P(X=2) = \cdots = P(X=6) = \frac{1}{6}$$

確率変数Xの確率分布を表とグラフにすると、

Xの値	1	2	3	4	5	6	計
確率	$\frac{1}{6}$	$\frac{1}{6}$	$\frac{1}{6}$	$\frac{1}{6}$	$\frac{1}{6}$	$\frac{1}{6}$	1

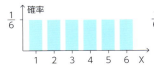

〈例2〉 確率変数Yは、2個のサイコロを投げたとき、

$$\{Y=0\} = \{でた目の合計が偶数\} = \{丁がでる\}$$
$$\{Y=1\} = \{でた目の合計が奇数\} = \{半がでる\}$$

従って、 $P(Y=0) = P(Y=1) = \frac{1}{2}$

確率変数Yの確率分布を表とグラフにすると、

Yの値	0	1	計
確率	$\frac{1}{2}$	$\frac{1}{2}$	1

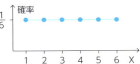

棒グラフや折れ線グラフで表すとわかりやすい

確率の合計は「1」になる

　この項では、サイコロの例をもとに、**一般の確率変数Xの確率分布**について考えてみましょう。ちょっと話が抽象的になりますが、このあと何回も同じような記号が出てくるので、徐々に慣れてくるはずです。

　一般に、x_1、x_2、…、x_nというn個の値をとる確率変数Xを考えます。1個のサイコロを投げる例では、n = 6で、

　　$x_1 = 1$、$x_2 = 2$、…、$x_6 = 6$

となります。

　このとき、

　　$P(X = x_k) = p_k$ 　($k = 1$、2、…、n)

とすれば、次のことが成り立っています。

① $p_1 \geq 0$、$p_2 \geq 0$、…、$p_n \geq 0$
② $p_1 + p_2 + \cdots + p_n = 1$

　先の、1個のサイコロを投げる例では、

　　$p_1 = \dfrac{1}{6}$、$p_2 = \dfrac{1}{6}$、…、$p_6 = \dfrac{1}{6}$

で、確かに①、②は成立します。

　従って、確率変数Xの確率分布は次のようになります。

Xの値	x_1	x_2	…	x_n	計
確率	p_1	p_2	…	p_n	1

　前の項で述べたように、**確率分布により、確率変数Xの値の確率がわかり便利**です。また、棒グラフや折れ線グラフで表

すと、その確率のばらつきぐあいがよくわかります。

さて、次の項では確率変数の平均について学びます。

確率変数を一般化する

確率変数Xは、x_1、x_2、…、x_n の値をとる

$$P(X = x_k) = p_k \quad (k = 1, 2, \cdots, n)$$

とすると、次のようになる

> ❶ $p_1 \geqq 0$、$p_2 \geqq 0$、…、$p_n \geqq 0$
> ❷ $p_1 + p_2 + \cdots + p_n = 1$

Xの確率分布を表にすると

Xの値	x_1	x_2	…	x_n	計
確率	p_1	p_2	…	p_n	1

サイコロを1回投げる例

確率変数Xは、でる目の数 $n = 6$ で、

$$x_1 = 1、\quad x_2 = 2、\quad \cdots、\quad x_6 = 6$$

$$p_1 = \frac{1}{6}、\quad p_2 = \frac{1}{6}、\quad \cdots、\quad p_6 = \frac{1}{6}$$

Xの値	1	2	3	4	5	6	計
確率	$\frac{1}{6}$	$\frac{1}{6}$	$\frac{1}{6}$	$\frac{1}{6}$	$\frac{1}{6}$	$\frac{1}{6}$	1

3-5 確率変数Xの平均を計算する

この項では、**確率変数の平均**について説明します。一般に、確率変数Xの確率分布が以下のようになる場合を考えます。

Xの値	x_1	x_2	⋯	x_n	計
確率	p_1	p_2	⋯	p_n	1

このとき、「$x_1 p_1 + x_2 p_2 + \cdots + x_n p_n$」を、確率変数Xの「**平均**」または「**期待値**」といい、**E(X)** で表します。読み方は、「**イー・エックス**」です。E(X)のEは期待値を表す英語expectationの頭文字です。サイコロを1回投げる場合にでる目の数をXとしたとき、その平均を求めてみましょう。このとき、前の項で述べたように、n = 6で、

$x_1 = 1$、 $x_2 = 2$、⋯、$x_6 = 6$
$p_1 = \dfrac{1}{6}$, $p_2 = \dfrac{1}{6}$ 、⋯、$p_6 = \dfrac{1}{6}$

となります。従って、平均を求める式より、次のように計算されることになります。

$$E(X) = x_1 p_1 + x_2 p_2 + \cdots + x_6 p_6$$
$$= 1 \times \dfrac{1}{6} + 2 \times \dfrac{1}{6} + \cdots + 6 \times \dfrac{1}{6}$$
$$= \dfrac{21}{6} = \dfrac{7}{2} = 3.5$$

ところで、平均というより期待値といったほうがぴったりなのが、**宝くじ**でしょう。よく買う人にとっては非常に重要な値のはずです。実際に宝くじの平均を計算してみると、約5割、つまり、1枚200円の宝くじに対し、平均は約100円です。こ

の計算結果がものがたることは、**宝くじを買えば買うほど、回収金額が投資額の半分に近づくという恐ろしい現実**です。

確率変数Xの平均の求め方

確率変数Xの確率分布

Xの値	x_1	x_2	⋯	x_n	計
確率	p_1	p_2	⋯	p_n	1

$E(X) = x_1 p_1 + x_2 p_2 + \cdots + x_n p_n$
確率変数Xの平均（期待値）

サイコロを1回投げる例

確率変数Xのでる目の数は、

Xの値	1	2	3	4	5	6	計
確率	$\frac{1}{6}$	$\frac{1}{6}$	$\frac{1}{6}$	$\frac{1}{6}$	$\frac{1}{6}$	$\frac{1}{6}$	1

すなわち、$n = 6$ で、

$$x_1 = 1,\ x_2 = 2,\ \cdots,\ x_6 = 6$$
$$p_1 = \frac{1}{6},\ p_2 = \frac{1}{6},\ \cdots,\ p_6 = \frac{1}{6}$$

平均を求めると、

$$\begin{aligned} E(X) &= x_1 p_1 + x_2 p_2 + \cdots + x_6 p_6 \\ &= 1 \times \frac{1}{6} + 2 \times \frac{1}{6} + \cdots + 6 \times \frac{1}{6} \\ &= (1 + 2 + \cdots + 6) \times \frac{1}{6} = \frac{21}{6} = \frac{7}{2} = 3.5 \end{aligned}$$

ゆえに、確率変数Xの平均 $E(X) = 3.5$

3-6 確率が等しくなくても平均を求められる平均E(X)

確率変数Xの確率分布が次のようなとき、

Xの値	x_1	x_2	…	x_n	計
確率	p_1	p_2	…	p_n	1

平均$E(X)$は、$E(X) = x_1 p_1 + x_2 p_2 + \cdots + x_n p_n$で定義されました。また、第1章で学んだように、n個のデータx_1、x_2、…、x_nの平均$\bar{x}$は、

$$\bar{x} = \frac{x_1 + x_2 + \cdots + x_n}{n}$$

で与えられました。

実は、次のように、$E(X)$と$\bar{x}$には密接な関係があります。以下の式で確認してみましょう。

まず、$\bar{x}$の式を

$$x_1 \times \frac{1}{n} + x_2 \times \frac{1}{n} + \cdots + x_n \times \frac{1}{n}$$

と変形します。ここで、

$$p_1 = \frac{1}{n}、p_2 = \frac{1}{n}、\cdots、p_n = \frac{1}{n}$$

と置くと、

$$\bar{x} = x_1 p_1 + x_2 p_2 + \cdots + x_n p_n = E(X)$$

が得られます。

この結果から、n個のデータx_1、x_2、…、x_nの平均は、確率変数Xのとる値がサイコロ投げのように、等しい確率$\frac{1}{n}$で起

こる場合の平均E（X）と一致することがわかります。つまり、**平均E（X）は、ある現象で起こる各々の場合の確率が等しい場合でも等しくない場合でも使えるようにしたもの**なのです。

さて、次の項では、同様に確率変数の分散について考えてみましょう。

便利に使える平均E（X）

n個のデータ、x_1、x_2、…、x_n があるとき、その平均 $\bar{x}$ は、

$$\bar{x} = \frac{x_1 + x_2 + \cdots + x_n}{n} \quad \cdots ★$$

確率変数Xが x_1、x_2、…、x_n の値をとるときの平均E(X)と、この平均 $\bar{x}$ との関係は？

確率変数Xが x_1、x_2、…、x_n

Xの値	x_1	x_2	…	x_n	計
確率	p_1	p_2	…	p_n	1

だから、

確率変数Xの平均 $E(X) = x_1 p_1 + x_2 p_2 + \cdots + x_n p_n$

ここで、★の右辺 $= x_1 \times \frac{1}{n} + x_2 \times \frac{1}{n} + \cdots + x_n \times \frac{1}{n}$

$p_1 = \frac{1}{n}$、$p_2 = \frac{1}{n}$、…、$p_n = \frac{1}{n}$ とすると、

↓ 各データが等しい割合で出現するならば

$$\bar{x} = x_1 p_1 + x_2 p_2 + \cdots + x_n p_n = E(X)$$

平均E（X）は、それぞれの確率変数の確率が等しくても、等しくなくても平均を求められる

「標準偏差」は分散の正の平方根

前の項と同じように、第1章で学んだデータの分散の定義から、確率変数Xのばらつきの度合いを表す分散は右ページのようになります。つまり、確率変数Xの確率分布が、

Xの値	x_1	x_2	$\cdots$	x_n	計
確率	p_1	p_2	$\cdots$	p_n	1

のとき、確率変数Xの平均E(X)を簡単に表すためにmと置きかえます。mは平均を意味する英語meanの頭文字です。

このとき、

$$(x_1-m)^2 p_1 + (x_2-m)^2 p_2 + \cdots + (x_n-m)^2 p_n$$

は確率変数Xの「**分散**」を表し、V(X)と書きます。読み方は「**ブイ・エックス**」です。このV(X)のVは分散を意味する英語varianceの頭文字です。また、分散の正の平方根をXの**標準偏差**といい、σ(X)と書きます。つまり、$\sigma(X) = \sqrt{V(X)}$となります。また、標準偏差（standard deviation）の頭文字「s」は、ギリシャ文字でσ（シグマ）なので、この記号が用いられます。また、σ(X)は「**シグマ・エックス**」と読みます。

分散も標準偏差も、その値が小さいほど各々の確率変数の値が平均の周りに集中して、ばらつきが小さいことを意味しています。逆に値が大きいほど、平均から離れてばらばらのところにあり、ばらつきが大きいことを意味しているのです。

特に、標準偏差を用いる理由は、たとえば変数の単位がcmだとすると、分散の場合、計算の途中で2乗しているので、cm

の2乗になります。従って、**もとの単位と同じであるほうがよいときに、分散の平方根である標準偏差を用いる**のです。

確率変数の分散とは?

n個のデータ、x_1、x_2、$\cdots$、x_n があるとき、その分散は、

$$\frac{(x_1-\bar{x})^2+(x_2-\bar{x})^2+\cdots+(x_n-\bar{x})^2}{n}$$

ただし、$\bar{x} = $ 平均 $\left(= \dfrac{x_1+x_2+\cdots+x_n}{n}\right)$

確率変数Xの分散V(X)

確率変数Xの確率分布

Xの値	x_1	x_2	$\cdots$	x_n	計
確率	p_1	p_2	$\cdots$	p_n	1

だから、

確率変数Xの分散
※ただし、m＝確率変数Xの平均E(X)

$$V(X)=(x_1-m)^2 p_1+(x_2-m)^2 p_2+\cdots+(x_n-m)^2 p_n$$

 $\sigma(X)=\sqrt{V(X)}$ は、確率変数Xの標準偏差

V(X)、σ(X)は、確率変数Xのばらつきを表す

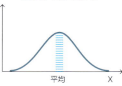

V(X)、σ(X)が大きいと、
山が低く横に広がる

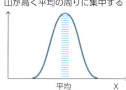

V(X)、σ(X)が小さいと、
山が高く平均の周りに集中する

頻出するのは「平均から標準偏差の間」の値

前の項では、確率変数Xの確率分布が、

Xの値	x_1	x_2	⋯	x_n	計
確率	p_1	p_2	⋯	p_n	1

のとき、確率変数Xの分散$V(X)$は、$m(=E(X))$を平均とすると、

$$V(X) = (x_1 - m)^2 p_1 + (x_2 - m)^2 p_2 + \cdots + (x_n - m)^2 p_n$$

となることを説明しました。この項では具体的な例で分散を計算してみましょう。サイコロを1回投げるときにでる目の数をXとします。このときのXの分散を求めます。

以前求めたように、$n = 6$で、

$x_1 = 1$、 $x_2 = 2$、⋯、$x_6 = 6$
$p_1 = \dfrac{1}{6}$、 $p_2 = \dfrac{1}{6}$、⋯、$p_6 = \dfrac{1}{6}$

です。一方、**78ページ**で得たように、平均mは$m = 3.5$でした。従って、分散$V(X)$を求める式より、

$$V(X) = (x_1 - m)^2 p_1 + \cdots + (x_6 - m)^2 p_6 = \frac{35}{12} (\fallingdotseq 2.92)$$

となります。標準偏差$\sigma(X)$は、分散の平方根なので、

$$\sigma(X) = \sqrt{V(X)} = \sqrt{\frac{35}{12}} \fallingdotseq 1.71$$

と計算されます。**計算した標準偏差の値、約1.71は、平均3.5からのばらつきを表しています**。定義から求めたこれらの結果は、たとえば実際にサイコロを多数回投げたとき、そので

た目の平均が、3.5からプラス・マイナス1.71の範囲、1.79（＝3.5－1.71）～5.21（＝3.5＋1.71）になる確率が高いことを意味しています。

分散の計算方法を知る

確率変数Xの確率分布

Xの値	x_1	x_2	...	x_n	計
確率	p_1	p_2	...	p_n	1

分散 $V(X) = (x_1-m)^2 p_1 + (x_2-m)^2 p_2 + \cdots + (x_n-m)^2 p_n$

※ただし、m（＝E(X)）は平均

サイコロを1回投げる例

確率変数Xは、でる目の数

Xの値	1	2	3	4	5	6	計
確率	$\frac{1}{6}$	$\frac{1}{6}$	$\frac{1}{6}$	$\frac{1}{6}$	$\frac{1}{6}$	$\frac{1}{6}$	1

従って、$x_1 = 1$、$x_2 = 2$、…、$x_6 = 6$

$p_1 = \frac{1}{6}$、$p_2 = \frac{1}{6}$、…、$p_6 = \frac{1}{6}$

また、$m = E(X) = 1 \times \frac{1}{6} + 2 \times \frac{1}{6} + \cdots + 6 \times \frac{1}{6}$

$= \frac{1+2+3+4+5+6}{6} = 3.5$

これらから、

分散 $V(X) = (x_1-m)^2 p_1 + (x_2-m)^2 p_2 + \cdots + (x_6-m)^2 p_6$

$= (1-3.5)^2 \times \frac{1}{6} + (2-3.5)^2 \times \frac{1}{6} + \cdots + (6-3.5)^2 \times \frac{1}{6} = \frac{35}{12} \fallingdotseq 2.92$

また標準偏差は、

$\sigma(X) = \sqrt{V(X)}$

$= \sqrt{\frac{35}{12}} \fallingdotseq 1.71$

1.79（平均－1.71）　3.5（平均）　5.21（平均＋1.71）

サイコロを何回も投げると、でた目の平均は、1.79から5.21の間になる確率が高い

章末練習問題 ③

問題 3・1 サイコロを2個投げるときに、でた目の差の絶対値をXとします。

このとき、絶対値Xの平均を求めてください。

3・1 解答

- 差が0の場合

  (1、1)、(2、2)、(3、3)、(4、4)、(5、5)、(6、6)

  の**6パターン**

- 差が1の場合

  (1、2)、(2、1)、(2、3)、(3、2)、(3、4)、(4、3)、(4、5)、(5、4)、(5、6)、(6、5)の**10パターン**

- 差が2の場合

  (1、3)、(3、1)、(2、4)、(4、2)、(3、5)、(5、3)、(4、6)、(6、4)の**8パターン**

- 差が3の場合

  (1、4)、(4、1)、(2、5)、(5、2)、(3、6)、(6、3)

  の**6パターン**

- 差が4の場合

  (1、5)、(5、1)、(2、6)、(6、2)の**4パターン**

● 差が5の場合

(1、6)、(6、1) の**2パターン**

よって、でた目の差の絶対値Xの確率分布は以下のようになります。

絶対値Xの値	0	1	2	3	4	5	計
確率	$\frac{6}{36}$	$\frac{10}{36}$	$\frac{8}{36}$	$\frac{6}{36}$	$\frac{4}{36}$	$\frac{2}{36}$	1

従って、

$$E(X) = 0 \times \frac{6}{36} + 1 \times \frac{10}{36} + 2 \times \frac{8}{36} + 3 \times \frac{6}{36} + 4 \times \frac{4}{36} + 5 \times \frac{2}{36}$$

$$= \frac{0 \times 6 + 1 \times 10 + 2 \times 8 + 3 \times 6 + 4 \times 4 + 5 \times 2}{36}$$

$$= \frac{70}{36} = \frac{35}{18} \fallingdotseq 1.94$$

が得られます。

問題 3・2 サイコロを2個投げるときに、でた目の和をYとします。このとき、でた目の和Yの平均、分散、標準偏差を求めてください。

3・2 解答

- 和Yが2の場合
  - (1、1) の**1パターン**
- 和Yが3の場合
  - (1、2)、(2、1) の**2パターン**
- 和Yが4の場合
  - (1、3)、(3、1)、(2、2) の**3パターン**
- 和Yが5の場合
  - (1、4)、(4、1)、(2、3)、(3、2) の**4パターン**
- 和Yが6の場合
  - (1、5)、(5、1)、(2、4)、(4、2)、(3、3) の**5パターン**
- 和Yが7の場合
  - (1、6)、(6、1)、(2、5)、(5、2)、(3、4)、(4、3) の**6パターン**
- 和Yが8の場合
  - (2、6)、(6、2)、(3、5)、(5、3)、(4、4) の**5パターン**
- 和Yが9の場合
  - (3、6)、(6、3)、(4、5)、(5、4) の**4パターン**
- 和Yが10の場合
  - (4、6)、(6、4)、(5、5) の**3パターン**

- 和Yが11の場合

  (5、6)、(6、5) の **2パターン**

- 和Yが12の場合

  (6、6) の **1パターン**

よって、和Yの確率分布は以下のようになります。

和Yの値	2	3	4	5	6	7
確率	$\frac{1}{36}$	$\frac{2}{36}$	$\frac{3}{36}$	$\frac{4}{36}$	$\frac{5}{36}$	$\frac{6}{36}$

和Yの値	8	9	10	11	12	計
確率	$\frac{5}{36}$	$\frac{4}{36}$	$\frac{3}{36}$	$\frac{2}{36}$	$\frac{1}{36}$	1

従って、以下が得られます。

でた目の和 Y の平均 $E(Y) = 2 \times \frac{1}{36} + 3 \times \frac{2}{36} + 4 \times \frac{3}{36} + 5 \times \frac{4}{36}$
$+ 6 \times \frac{5}{36} + 7 \times \frac{6}{36} + 8 \times \frac{5}{36} + 9 \times \frac{4}{36} + 10 \times \frac{3}{36} + 11 \times \frac{2}{36} + 12 \times \frac{1}{36}$
$= \frac{2 \times 1 + 3 \times 2 + 4 \times 3 + 5 \times 4 + 6 \times 5 + 7 \times 6 + 8 \times 5 + 9 \times 4 + 10 \times 3 + 11 \times 2 + 12 \times 1}{36}$
$= \frac{252}{36} = 7$

でた目の和Yの分散 $V(Y)$、すなわち確率変数の分散は、

$V(Y) = \frac{(2-7)^2 \times 1}{36} + \frac{(3-7)^2 \times 2}{36} + \frac{(4-7)^2 \times 3}{36} + \frac{(5-7)^2 \times 4}{36} +$
$\frac{(6-7)^2 \times 5}{36} + \frac{(7-7)^2 \times 6}{36} + \frac{(8-7)^2 \times 5}{36} + \frac{(9-7)^2 \times 4}{36} +$
$\frac{(10-7)^2 \times 3}{36} + \frac{(11-7)^2 \times 2}{36} + \frac{(12-7)^2 \times 1}{36} = \frac{210}{36} \fallingdotseq 5.83$

でた目の和Yの標準偏差は、$\sigma(X) = \sqrt{V(X)} = \sqrt{\frac{210}{36}} \fallingdotseq 2.42$ となります。

3 ベンフォードの法則を応用するとデータの不正を見抜けることも！

Column2の最後で、時価総額の先頭の数字が従う**法則X**とは、**ベンフォードの法則**であることを述べました。この法則は、以下のグラフで示す分布に従います。

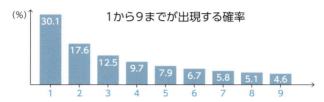

1から9までが出現する確率

Column2の1154種類の仮想通貨の表に対応させると、以下の表が得られます。

先頭の数字	1	2	3	4	5	6	7	8	9	合計
度数	347	203	144	112	91	77	67	59	53	1153※
%	**30.1**	**17.6**	**12.5**	**9.7**	**7.9**	**6.7**	**5.8**	**5.1**	**4.6**	**100**

※太字の「%」が、グラフでも表したベンフォードの法則に従う割合。なお、総数1154に%をかけて、小数第1位を四捨五入しているので、度数の合計は1154ではなく1153になっている。

Column2の実際の値とかなり近いことがわかります。この、一見、直感に反するような結果は、このような仮想通貨の時価総額だけでなく、株価、川の長さ、フラクタル（どんなに微小な部分をとっても全体に相似しているような図形。海岸線など）で知られているベキ分布に従う現象など、さまざまな種類のデータに適用できることが知られています。

実際、帳簿の数字がベンフォードの法則とはかけ離れたものであることがわかり、粉飾決済が発覚した例もあるようです。ベンフォードの法則を用いれば、統計データの不正を見抜けるかもしれないのです。いろいろなデータでベンフォードの法則が成り立つか、調べてみてはいかがでしょうか？

第4章
分布

最初に「順列」と「組み合わせ」について解説します。次にそれらを用いて「二項分布」を解説します。さらに、その極限として現れる「正規分布」を紹介します。**二項分布と正規分布は、統計の分野で頻繁に現れる分布**です。

4-1 順序を考える場合の「場合の数」

この章では、「**二項分布**」「**正規分布**」について学びます。どちらも、統計の分野で頻繁に現れる分布です。

私たちの周りには **98ページ**で登場する二項分布になるものが多く、重要な分布の1つです。ここでは、二項分布で使われる「n個から順序を考えないでr個とる組み合わせの総数」を説明します。そのために、まず「5人の中から、順序を考えないで3人を選ぶとき、何通りあるか？」という問題を考えます。答えが「〜通り」となる問題は、「**場合の数**」を求める問題ですね。

5人を仮にa、b、c、d、eとしましょう。重要なのは、「**順序を考える場合**」と「**順序を考えない場合**」の違いをきちんと理解することです。初めに「順序を考える場合」について考えます。これは、最初に5人の中から1人を選ぶので、まず5通りありますね。そして、その5通りそれぞれに対して、残りの4人の中から1人選ぶので、5×4 = 20通り。さらに、20通りのそれぞれに対して、残りの3人の中から1人を選ぶので、求める「5人の中から順序を考えて3人選ぶ」選び方は、5×4×3 = 60通りです。

一般に、「異なるn個のものからr回とって並べる並べ方」は、n個からr個とる「**順列**」と呼ばれ、その総数は「$_nP_r$」で表されます。読み方は「エヌ・ピー・アール」、Pは順列を意味するpermutationの頭文字です。上の説明と同様に、$_nP_r$は以下で与えられることがわかります。

$$_nP_r = n \times (n-1) \times \cdots \times (n-r+1) = \frac{n!}{(n-r)!}$$

ここでn!は「nの階乗」で、1からnまでの整数を全部かけ合わせた数のことです。上の列はn = 5、r = 3の場合に相当します。

次の項では、もう1つの「順序を考えない場合」を考えましょう。

順序を考える「順列」

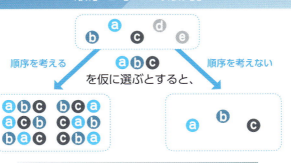

順序を考える場合は？

異なるn個からr個とって並べる並べ方は、
n個からr個とる「順列」という。その総数は、$_nP_r$ となる

順列の公式

$$_nP_r = n \times (n-1) \times \cdots \times (n-r+1) = \frac{n!}{(n-r)!}$$

ただし、$n! = 1 \times 2 \times \cdots \times n$(nの階乗)

問題では、n = 5、r = 3(5人から3人を選ぶ)なので、

$$_5P_3 = 5 \times (5-1) \times \cdots \times (5-3+1)$$
$$= 5 \times 4 \times 3 = 60$$

4-2 順序を考えない場合の「場合の数」

この項では、「**順序を考えない場合**」について考えます。まず「順序を考えない場合」に5人の中から3人を選ぶときの場合の数を「**w通り**」としましょう。求めたい答えをwと置くのです。

次に5人の中から選んだ3人について、順序を考えて並べると、これは右ページで解説しているように、$3! = 3 \times 2 \times 1 = 6$通りあります。つまり、順序を考えないで5人の中から3人を選ぶ方法（abc、cdeなど）がw通りあったとすると、そのいずれの場合にも、それぞれ3!通りの並べ方があることになります。また、その並べ方の合計は「5人の中から順序を考えて3人を選ぶ」選び方の合計と同じなので、$_5P_3$となり、以下の式が得られます。

$$w \times 3! = {}_5P_3$$

従って、求める数wは、

$$w = \frac{{}_5P_3}{3!} = \frac{60}{3 \times 2 \times 1} = 10 \text{（通り）}$$

と計算されます。一般に、**n個の中から順序を問題にしないで、r個のものを選ぶ組み合わせの総数**のことを「**$_nC_r$**」で表します。読み方は「**エヌ・シー・アール**」で、Cは組み合わせを意味するcombinationの頭文字です。上で述べたのと同様に、

$$_nC_r = \frac{{}_nP_r}{r!}$$

となり、この式の$_nP_r$に、前項で述べた

$$_nP_r = \frac{n!}{(n-r)!}$$

を用います。すると、

$$_nC_r = \frac{\frac{n!}{(n-r)!}}{r!} = \frac{n!}{r! \times (n-r)!}$$

となります。従って答えは、

$$_5C_3 = \frac{5!}{3! \times (5-3)!} = 10 \text{通りとなります。}$$

順序を考えない「組み合わせ」

5人の中から順序を考えないで
3人を選ぶ場合の数は何通り？

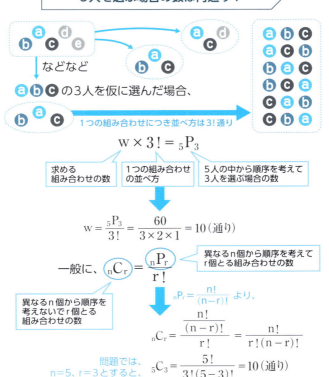

4-3 二項分布に備えて サイコロ投げの確率を求める

前の項では、n個の中から順序を考えないで、r個のものを選ぶ組み合わせの総数のことを $_nC_r$ で表し、

$$_nC_r = \frac{_nP_r}{r!} = \frac{n!}{r! \times (n-r)!}$$

で計算されることを説明しました。**この結果が実は二項分布を理解するために必要不可欠**なのです。この項から二項分布の説明を始めますが、そのために、まず次の問題を考えます。

> 「1個のサイコロを5回続けて投げる。
> このとき、1の目が1回でる確率はいくらか」

1の目がでるという事象を○、1以外の目がでるという事象を×で表すことにすると、

$$P(○) = \frac{1}{6}, \quad P(×) = \frac{5}{6}$$

となります。

また、5回投げて1の目が1回でるのは次の5通りです。

○××××、×○×××、××○××、×××○×、××××○

この場合は、5回の中から○を1つ選ぶ方法なので、

$$_5C_1 = \frac{5!}{1! \times 4!} = 5$$

と計算できます。このうち、1つひとつが起こる確率はいずれも、

$$P(○××××) = \cdots\cdots = P(××××○) = \left(\frac{1}{6}\right)^1 \left(\frac{5}{6}\right)^4$$

第4章 分布

となります。従って、求める確率はこれらの和で、

$$_5C_1\left(\frac{1}{6}\right)^1\left(\frac{5}{6}\right)^4 = 5 \times \frac{5^4}{6^5} \fallingdotseq 0.4019$$

となることがわかります。

次の項でいよいよ二項分布の説明に入ります。

サイコロ投げの確率

問題 1個のサイコロを5回続けて投げる。このとき1の目が1回でる確率は？

たとえば、

○は1の目がでる事象、×は1以外の目がでる事象

従って、$P(○) = \frac{1}{6}$、$P(×) = \frac{5}{6}$ である

また、5回投げて1の目が1回でるのは

$$_5C_1 = \frac{5!}{1!(5-1)!} = \frac{5!}{1! \times 4!} = \frac{5 \times 4 \times 3 \times 2 \times 1}{1 \times 4 \times 3 \times 2 \times 1} = 5 \text{ 通り}$$

実際、以下の5通り

さらに、これらが起こる確率はいずれも

$$P(○×××\times) = P(×○×××) = \cdots = P(×\times××○)$$
$$= \left(\frac{1}{6}\right)^1 \times \left(\frac{5}{6}\right)^4$$

となるので、求める確率はその和となり、

$$_5C_1 \times \left(\frac{1}{6}\right)^1 \times \left(\frac{5}{6}\right)^4 = 5 \times \frac{1}{6} \times \frac{5^4}{6^4} = 5 \times \frac{5^4}{6^5} \fallingdotseq 0.4019$$

4 二項分布をサイコロ投げの分布で見てみよう

引き続き、同じサイコロの例を用いて、二項分布について説明します。まず、サイコロを5回続けて投げたとき、1の目がでる回数をXとします。そして、**この確率変数Xの確率分布を求めてみましょう。1の目のでる確率は$\frac{1}{6}$、でない確率は$\frac{5}{6}$**ですから、前の項と同じように、

$$P(X=0) = {}_5C_0 \left(\frac{1}{6}\right)^0 \left(\frac{5}{6}\right)^5 \fallingdotseq 0.4019$$

$$P(X=1) = {}_5C_1 \left(\frac{1}{6}\right)^1 \left(\frac{5}{6}\right)^4 \fallingdotseq 0.4019$$

$$P(X=2) = {}_5C_2 \left(\frac{1}{6}\right)^2 \left(\frac{5}{6}\right)^3 \fallingdotseq 0.1608$$

$$P(X=3) = {}_5C_3 \left(\frac{1}{6}\right)^3 \left(\frac{5}{6}\right)^2 \fallingdotseq 0.0322$$

$$P(X=4) = {}_5C_4 \left(\frac{1}{6}\right)^4 \left(\frac{5}{6}\right)^1 \fallingdotseq 0.0032$$

$$P(X=5) = {}_5C_5 \left(\frac{1}{6}\right)^5 \left(\frac{5}{6}\right)^0 \fallingdotseq 0.0001$$

従って、確率変数Xの確率分布の表とグラフは右ページのようになります。

次に、一般の場合を考えてみましょう。ある独立な試行で、事象Aが起こる確率をp、起こらない確率をq（$=1-p$）とします。この試行をn回繰り返したとき、事象Aが起こる回数を表す確率変数をXとすると、X=kとなる確率は、

$$P(X=k) = {}_nC_k p^k q^{n-k} \quad (k=0、1、\cdots、n)$$

です。従って、Xの確率分布を示す表は右ページのようになり

ます。このような確率分布を「**二項分布**」といい、$B(n, p)$ で表します。Bは二項分布を意味する binomial distribution の頭文字です。サイコロの例では、Aは1の目がでるという事象で、$n = 5$、$p = \frac{1}{6}$ なので、$B\left(5, \frac{1}{6}\right)$ となります。

次の項では、二項分布の性質について述べます。

二項分布とは?

例 確率変数Xは、サイコロを5回続けて投げたときに1の目のでる回数

Xの値	0	1	2	3	4	5
確率	0.4019	0.4019	0.1608	0.0322	0.0032	0.0001

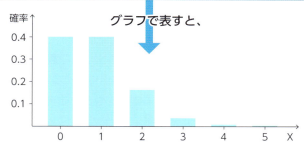

グラフで表すと、

一般に、独立な試行で、$P(A) = p$、$P(\overline{A}) = q \,(= 1 - p)$ とする
この試行を n 回繰り返したとき、事象Aが起こる回数をXとすると、

$$P(X = k) = {}_nC_k \, p^k q^{n-k} \quad (k = 0、1、\cdots、n)$$

Xの値	0	1	2	⋯	n
確率	${}_nC_0 \, p^0 q^n$	${}_nC_1 \, p^1 q^{n-1}$	${}_nC_2 \, p^2 q^{n-2}$	⋯	${}_nC_n \, p^n q^0$

これを「二項分布」といい、$B(n, p)$ で表す

45 投げる回数を増やすと二項分布の形が変化する!

前の項では二項分布について学びました。そのときのサイコロの例は、「サイコロを5回続けて投げたとき、1の目がでる回数をXとする」ものでした。では、この投げる回数の5回を、一般にn回とし、nを大きくしていったら、その確率変数Xの確率分布、すなわち、$B\left(n、\frac{1}{6}\right)$はどのように変化するのでしょうか?

右ページに、n = 6、12、30、50の場合の表とグラフを載せました。これでわかるように、**投げる回数nを増やしていくと、二項分布 $B\left(n、\frac{1}{6}\right)$ の形は次第に左右対称の山状になっていきます。**

実はこのような傾向は、一般の二項分布B(n、p)に対しても成り立ちます。少し専門的になりますが、**回数 n が非常に大きくなると、グラフのスケールを適当に変えることにより、次に紹介する正規分布に近づくことがわかります。**この事実は、あとで二項分布を正規分布で近似する(置きかえて考える)ときに用いる大事な性質です。

また、ここで証明はしませんが、二項分布B(n、p)の平均E(X)と分散V(X)は、次のようになることが知られています。

 平均 E(X) = np、分散 V(X) = npq

ただし、q = 1 − pです。これも、あとで用います。

二項分布は、不良品の数の分布など、実用的な用途でも重要な役割を果たします。さて次の項からは、正規分布について学びましょう。

二項分布の特徴的なグラフの形

例 確率変数Xは、サイコロをn回投げたとき、1の目がでる回数

nを変化させると、どうなるか？

n = 6、12、30、50の場合は、このようになる

n = 6		n = 12		n = 30		n = 50	
X	確率	X	確率	X	確率	X	確率
0	0.335	0	0.112	0	0.004	0	0.000
1	0.402	1	0.269	1	0.025	1	0.001
2	0.201	2	0.296	2	0.073	2	0.005
3	0.054	3	0.197	3	0.137	3	0.017
4	0.008	4	0.089	4	0.185	4	0.040
5	0.001	5	0.028	5	0.192	5	0.075
6	0.000	6	0.007	6	0.160	6	0.112
		7	0.001	7	0.110	7	0.140
		8	0.000	8	0.063	8	0.151
		⋮	⋮	9	0.031	9	0.141
		12	0.000	10	0.013	10	0.116
				11	0.005	11	0.084
				12	0.001	12	0.055
				13	0.000	13	0.032
				⋮	⋮	14	0.017
				30	0.000	15	0.008
						16	0.004
						17	0.001
						18	0.001
						19	0.000
						⋮	⋮
						50	0.000

身長、雨量、工作誤差……各種データに見られる正規分布

　日本の成年男子全体のように、データの数をどんどん増やし、それにともなって、階級の幅をかぎりなく小さくしたグラフの形は、右ページの図のように**ほぼ左右対称な山状**になります。そしてその形は、以下の方程式で与えられる曲線を示すと考えられるのです。

$$y = \frac{1}{\sqrt{2\pi\sigma^2}} e^{-\frac{(x-m)^2}{2\sigma^2}} \quad (-\infty < x < \infty)$$

　ここで、π（パイ）は**円周率**、eは**自然対数の底**といわれる数で、各々 π = 3.14159…、e = 2.71828…です。また、mは実数の値、σ（シグマ）は正の実数の値をとります。

　このような関数により表される分布は、「平均m、標準偏差σの**正規分布**」といいます。mはmean（平均）の頭文字です。

　以上のことを、確率変数の言葉を用いると、「確率変数X（たとえば、日本の成年男子の身長）は、平均m、標準偏差σの正規分布に従う」といい、$N(m, \sigma^2)$という記号で表します。ここでNは、正規分布を意味するnormal distributionの頭文字です。また、σ^2は標準偏差の2乗、つまり分散です。

　このような正規分布は、身長、毎年の雨量、標準的なテストの成績などにも見られます。

　また、製品の工作誤差、測定誤差などの各種誤差もよく近似でき（そのため「**誤差分布**」と呼ばれることもあります）、**実用にも大変役立つ分布**です。

　次の項では、正規分布の基本的な性質について説明します。

正規分布とは?

日本の成人男性の身長

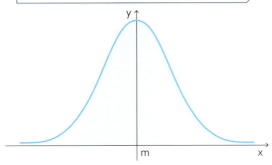

データ数を増やして階級の幅を細かくすると、
上記のようなグラフになる。
このグラフは、

$$y = \frac{1}{\sqrt{2\pi\sigma^2}} e^{-\frac{(x-m)^2}{2\sigma^2}}$$ という方程式で表される

$\pi = 3.14159\cdots$ 円周率　　　　　　mは実数　平均

$e = 2.71828\cdots$ 自然対数の底　　　$\sigma > 0$　標準偏差

この分布を、

平均m、標準偏差σの正規分布 $N(m、\sigma^2)$

という

正規分布はいろいろなデータに見られる

正規分布の性質をしっかりと押さえよう!

平均 m、標準偏差 σ の正規分布 $N(m、\sigma^2)$ の形は以下でした。

$$y = \frac{1}{\sqrt{2\pi\sigma^2}} e^{-\frac{(x-m)^2}{2\sigma^2}} \quad (-\infty < x < \infty)$$

この形より、**正規分布は平均と標準偏差が与えられれば、決まってしまう**ことがわかります。

このような連続的な確率分布(右ページ参照)を表す関数を「**確率密度関数**」といいます。簡単に「**密度関数**」というときもあります。また、確率密度関数とx軸で囲まれる部分の面積(つまり、すべての事象が起こる確率)は1です。

さて、話を正規分布に戻しましょう。正規分布 $N(m、\sigma^2)$ の確率密度関数は、右ページのように、**平均mを中心に左右対称な形**をしています。もう少し細かく見ると、平均mのところでもっとも高くなり、平均から右(+方向)へ標準偏差 σ だけ行ったところ($m+\sigma$)と、平均から左(-方向)へ標準偏差 σ だけ行ったところ($m-\sigma$)に「**変曲点**」があります。変曲点というのは、**曲線の凹凸の変わり目を示す点**のことです。

また、平均mが同じでも、標準偏差 σ がいろいろに変わると、右図のように確率密度関数の形が変化します。どれもx軸で囲まれる部分の面積は1なので、σ が大きくなって左右に広がると、平均mの周辺での高さは低くなります。

一方、σ が同じで、mを変化させると、同じ形のまま左右に移動します。平均が変化しても、ばらつきの様子は変わらな

いということです。

次の項では、さらに細かく正規分布について説明しましょう。

正規分布のグラフの特徴

正規分布 $N(m、σ^2)$

$$y = \frac{1}{\sqrt{2\pi\sigma^2}} e^{-\frac{(x-m)^2}{2\sigma^2}}$$

平均mを中心として左右対称

「連続的な」というのは、変数の値がサイコロの目のようにとびとび（1の次は2となるので、間の1.5などが抜けている）ではないこと。身長などは連続的な確率分布である

変曲点 ← → 変曲点

面積は「1」

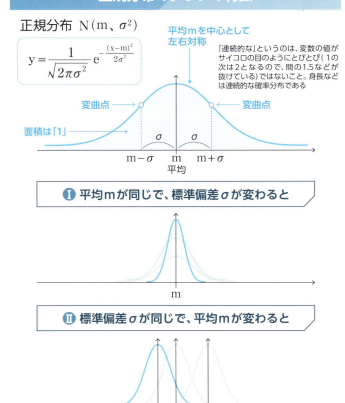

❶ 平均mが同じで、標準偏差σが変わると

❷ 標準偏差σが同じで、平均mが変わると

平均mが同じで、標準偏差σが変わると、高さと幅が変わる。
標準偏差σが同じで、平均mが変わると、
同じ形のまま左右に移動する

正規分布のほとんどの事象は「3シグマ範囲」に入る

前の項では、正規分布の性質を簡単に紹介しました。ここでは、あとの章で使う準備として、さらにくわしい性質を紹介します。

さて、平均m、標準偏差σの正規分布$N(m、\sigma^2)$の確率密度関数とx軸で囲まれる部分の面積は1でした。また、$m+\sigma$と$m-\sigma$の2点は、曲線の凹凸の変わり目を示す変曲点になっています。さらに、右図に示したように、

mとm+σの間の面積は34.13%=0.3413
m+σとm+2σの間の面積は13.59%=0.1359
m+2σとm+3σの間の面積は2.145%=0.02145
m+3σ以上の面積は0.135%=0.00135

となっています。また、確率密度関数はy軸に対して対称なので、

m±σの間の面積は68.26%=0.6826
m±2σの間の面積は95.44%=0.9544
m±3σの間の面積は99.73%=0.9973
それ以外の面積は0.27%=0.0027

が得られます。たとえば、あるテストの結果が、平均50、標準偏差10の正規分布で表せるとします。このとき上の結果を用いると、40(=50-10)から60(=50+10)の間に約68%の人がいることがわかります。また、区間[$m-3\sigma$、$m+3\sigma$]の間には、ほぼ100%に近い99.73%が入っていることがわかります。この区間は特に「事実上のすべて」の意味で「**3シグマ範囲**」といわれることがあります。

次の項では、正規分布の標準化について考えてみましょう。

第4章 分布

正規分布のグラフの詳細

平均m、標準偏差 σ の正規分布 $N(m, \sigma^2)$

確率密度関数 $y = \dfrac{1}{\sqrt{2\pi\sigma^2}} e^{-\frac{(x-m)^2}{2\sigma^2}}$

34.13%
13.59%
2.145%

m−3σ m−2σ m−σ m m+σ m+2σ m+3σ

上のグラフから以下のことがわかる

99.73%
95.44%
68.26%

m−3σ m−2σ m−σ m m+σ m+2σ m+3σ

m−3σ   m   m+3σ

99.73%

3シグマ範囲　この区間にほぼ100%近いデータが分布している

正規分布を標準化した「標準正規分布」とはなにか？

　前の項では、平均 m、標準偏差 σ の正規分布 N（m、$σ^2$）のいろいろな性質について説明しました。この項では特に、**平均 m＝0、標準偏差 σ＝1 とした正規分布 N（0、1）**について考えてみましょう。どうしてこのような分布を考える必要があるのでしょうか？

　正規分布は平均 m と標準偏差 σ だけによって決まりますが、逆にいえば、**それだけバリエーションがある**ということです。

　確率変数 X が正規分布 N（m、$σ^2$）で表せるとき、

$$T = \frac{X-m}{σ}$$

と置くと、T も確率変数となります（この操作を**標準化**といいます）。くわしい計算は省きますが、このとき、確率変数 T は平均 0（m＝0）、標準偏差 1（σ＝1）の正規分布 N（0、1）となります。この確率変数 T の分布は、「**標準正規分布**」と呼ばれます。**どんな正規分布も標準正規分布に置きかえることができるので、標準正規分布の性質を知っていれば、正規分布についてもわかる**のです。

　さて、確率変数 T が c 以下｛T≦c｝となる確率 P（T≦c）は、右ページ左下図の青い部分の面積に等しくなります。ただし、境界線は面積に関係ないので、等号の有無にこだわる必要はありません。従って、P（T≦c）＝P（T＜c）となります。確率変数 T が c 以下となる確率を P（T≦c）＝ I（c）と置きます。c にいろいろな値を代入したときの確率 I（c）の値はよく使われるので、右図のような**正規分布表**という表がつくられています。

標準正規分布とは？

確率変数Xが、平均m、標準偏差σの正規分布$N(m, \sigma^2)$に従うとすると、確率変数Xの分布は、

$$y = \frac{1}{\sqrt{2\pi\sigma^2}} e^{-\frac{(x-m)^2}{2\sigma^2}}$$

で表され、右上①のようなグラフになる。

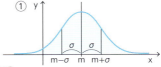

ここで $T = \dfrac{X-m}{\sigma}$ とすると、
(これを標準化という)

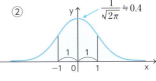

確率変数Tは平均0、標準偏差1の
正規分布$N(0, 1)$に従い、
確率変数Tの分布は、

$$y = \frac{1}{\sqrt{2\pi}} e^{-\frac{x^2}{2}}$$

で表され、右上②のようなグラフになる。これを **標準正規分布** という

確率変数Tがc以下となる
確率$P(T \leq c)$を$I(c)$と置くと、

$$I(c) = P(T \leq c)$$

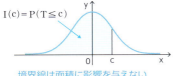

$I(c) = P(T \leq c)$

境界線は面積に影響を与えない
$P(T \leq c) = P(T < c)$

正規分布表（一部）

c	I(c)	c	I(c)
0.00	0.5000	0.50	0.6915
0.01	0.5040	0.51	0.6950
0.02	0.5080	0.52	0.6985
0.03	0.5120	0.53	0.7019
0.04	0.5160	0.54	0.7054
0.05	0.5199	0.55	0.7088
0.06	0.5239	0.56	0.7123
0.07	0.5279	0.57	0.7157
0.08	0.5319	0.58	0.7190
0.09	0.5359	0.59	0.7224
0.10	0.5398	0.60	0.7257
0.11	0.5438	0.61	0.7291
0.12	0.5478	0.62	0.7324
0.13	0.5517	0.63	0.7357
0.14	0.5557	0.64	0.7389
0.15	0.5596	0.65	0.7422
0.16	0.5636	0.66	0.7454
0.17	0.5675	0.67	0.7486
0.18	0.5714	0.68	0.7517
0.19	0.5753	0.69	0.7549

グラフからわかる標準正規分布の性質

前の項では、平均0、標準偏差1の標準正規分布$N(0、1)$について紹介しました。この項では、**確率変数Tが標準正規分布で表されるとき、確率変数Tの値がc以下となる確率$P(T \leq c)=I(c)$の性質**について述べます。

まず、標準正規分布の確率密度関数とx軸との間の全面積は1であり、y軸に対して左右対称であることに注意しましょう。従って、右図から次のことがわかります。

(1) $I(0) = P(T \leq 0) = 0.5$
(2) $I(-c) = P(T \leq -c) = P(T \geq c)$
(3) $P(T \geq c) = 1 - P(T \leq c) = 1 - I(c)$
(4) $I(c) + I(-c) = 1$

最後の(4)は、(2)と(3)から得られます。また、前の項でも述べたように、**境界線は面積に関係ないので、等号の有無は気にしなくてよい**のです。従って、

$$P(T \leq c) = P(T < c)、P(T \geq -c) = P(T > c)$$

が成り立っています。たとえばcが1.96のときは、正規分布表より、次のように計算できます。

$$P(T \leq -1.96) = I(-1.96) = 0.025$$
$$P(T \geq 1.96) = I(-1.96) = 0.025$$
$$P(-1.96 < T < 1.96) = I(1.96) - I(-1.96) = 0.95$$

が得られます。従って、**全面積は$0.025 + 0.025 + 0.95 = 1$となる**のです。さて、本章最後の次の項では、一般の正規分布

第4章 分布

に対してこのような計算を、標準正規分布を用いて行う方法について述べます。

標準正規分布の性質

平均0、標準偏差1の
標準正規分布 N(0, 1) のグラフ

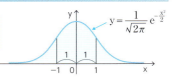

$$y = \frac{1}{\sqrt{2\pi}} e^{-\frac{x^2}{2}}$$

確率変数Tが
標準正規分布に従うとき、
$P(T \leq c) = I(c)$ はどうなるか？

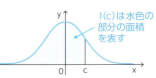

I(c)は水色の部分の面積を表す

(1)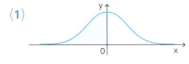

全面積は1で、このグラフは
y軸に対して左右対称であるから、
$I(0) = P(T \leq 0) = 0.5$

(2)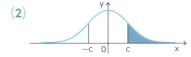

薄い水色の面積と濃い水色の
面積は等しいので、
$I(-c) = P(T \leq -c) = P(T \geq c)$

(3)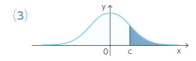

全面積は1で、薄い水色の部分の
面積が$I(c)$だから、
$P(T \geq c) = 1 - P(T \leq c) = 1 - I(c)$

c=1.96のときを考えてみる

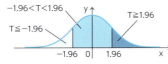

左ページの計算より、全面積は
$0.025 + 0.025 + 0.95 = 1$ となる

※境界線は面積に関係ないから、等号の有無は気にしなくてもいい

4-11 標準正規分布を使って確率を計算してみよう!

前の項では、標準正規分布 N(0, 1) の性質について紹介しました。この項では、**一般の正規分布に対して、その性質を用いて確率を計算する方法**について述べます。

A教授の身長は175cmです。B国から研究者がA教授の研究室を訪問することになりました。B国の大人の平均身長は182cmで、標準偏差は8.3cmとします。このとき、このB国の研究者の身長が、A教授より高い確率を求めてみましょう。ただし、身長は正規分布に従うと仮定します。

まず、B国の大人の身長をXとします。標準正規分布の表を用いるために、Xを以下のように標準化します。

$$T = \frac{X-m}{\sigma} = \frac{X-182}{8.3}$$

このとき、Tは標準正規分布に従います。

次に、$\{X>175\}$ という事象は、Tで見ると

$$T > \frac{175-182}{8.3} = -0.843 \fallingdotseq -0.84$$

であることに注意します。従って、求めるのはB国からきた研究者がA教授より背が高い確率、$P(X>175)$ なので、

$P(X>175)$
$\fallingdotseq P(T>-0.84)$
$= 1 - P(T \leq -0.84)$ (**4-10** の(3)を用います)
$= 1 - I(-0.84)$
$\fallingdotseq 1 - 0.2005$
$\fallingdotseq 0.80$

以上から、求める確率は約0.80（80%）と計算できます。
次の章では、「**推定**」の話題に入っていきます。

標準正規分布を活用する

確率変数Xは、B国の大人の身長（平均m＝182、標準偏差 $\sigma = 8.3$）。Xは正規分布 $N(182、8.3^2)$ に従う。

$$T = \frac{X-182}{8.3} \left(= \frac{X-m}{\sigma}\right) \text{と置いて標準化する}$$

Tは、標準正規分布 $N(0、1)$ に従う。
このとき、B国からきた研究者が
A教授（175cm）よりも背が高いという事象 $\{X > 175\}$ は、

$$(X > 175) \longleftrightarrow \left\{T > \frac{175-182}{8.3}\right\} \fallingdotseq \{T > -0.84\}$$

と表されるから、
B国からきた研究者がA教授よりも背が高い確率は、

$$
\begin{aligned}
P(X > 175) &\fallingdotseq P(T > -0.84) \\
&= 1 - P(T \leq -0.84) \\
&= 1 - I(-0.84) \\
&\fallingdotseq 1 - 0.2005 \\
&\fallingdotseq 0.80
\end{aligned}
$$

正規分布表より、
$I(-0.84) \fallingdotseq 0.2005$

A教授175cm
80%の確率で175cm以上の身長の研究者がくる

$182 - 8.3 = 173.7$ 182 $182 + 8.3 = 190.3$

c	I(c)
−0.90	0.1841
−0.89	0.1867
−0.88	0.1894
−0.87	0.1922
−0.86	0.1949
−0.85	0.1977
−0.84	0.2005
−0.83	0.2033
−0.82	0.2061
−0.81	0.2090

章末練習問題 ④

問題 4・1 サイコロを3回投げたとき、2以下の目がでる回数をXとします。確率変数Xの分布を求めてください。

4・1 解答 1回サイコロを投げたとき、2以下の目とは「1」と「2」の2つです。すなわち、2以下の目がでる確率は、$\frac{2}{6} = \frac{1}{3}$ となります。Xは二項分布 $\left(3、\frac{1}{3}\right)$ に従うので、具体的には、以下で与えられます。

$$P(X=0) = {}_3C_0 \left(\frac{1}{3}\right)^0 \left(\frac{2}{3}\right)^3 \fallingdotseq 0.296$$ ※2以下の目が1回もでない確率

$$P(X=1) = {}_3C_1 \left(\frac{1}{3}\right)^1 \left(\frac{2}{3}\right)^2 \fallingdotseq 0.444$$ ※2以下の目が1回でる確率

$$P(X=2) = {}_3C_2 \left(\frac{1}{3}\right)^2 \left(\frac{2}{3}\right)^1 \fallingdotseq 0.222$$ ※2以下の目が2回でる確率

$$P(X=3) = {}_3C_3 \left(\frac{1}{3}\right)^3 \left(\frac{2}{3}\right)^0 \fallingdotseq 0.037$$ ※2以下の目が3回でる確率

> **問題 4·2** 4-11（112ページ）の問題で、A教授の身長を175cmとしましたが、仮にA教授の身長がもっと高い187cmだとしたら、B国からくる研究者がA教授よりも背が高い確率はどのように変わるでしょうか？ 4-11と同様、B国の大人の平均身長は182cm、標準偏差は8.3cmとします。
>
> ただし、正規分布表より I(0.60) = 0.7257 を用いてもかまいません。

> **4·2 解答** 同様に、$\{X > 187\}$ という事象は、Tで見ると、
>
> $$T > \frac{187 - 182}{8.3} \fallingdotseq 0.60$$
>
> であることに注意します。
>
> 従って、求める確率は、B国から来た研究者がA教授の187cmよりも背が高い確率、$P(X > 187)$ なので、
>
> $P(X > 187) = P(T > 0.60) = 1 - P(T \leq 0.60)$
>
> ここで、**112ページ**と同じように、$1 - P(T \leq c) = 1 - I(c)$ を使います。
>
> $1 - P(T \leq 0.60) = 1 - I(0.60) = 1 - 0.7257 \fallingdotseq 0.27$
>
> 以上から、求める確率は約 0.27（27%）と計算できます。A教授の身長が187cmと高くなったので、約27%と、約80%からずいぶん小さな値になりました。

4 「末尾の数字」も、かたよって分布する?

　Column 1〜3で、1154種類の仮想通貨の時価総額の先頭の数字について見てきましたが、「末尾の数字もかたよって分布するのだろうか?」と疑問に思う方もいるのではないでしょうか?

　末尾の数字だと「0」も含まれるので、0、1、2、3、4、5、6、7、8、9の10種類です。したがって、もし「それぞれの数字が同じように現れる」のであれば、各数字が $\frac{1}{10}=0.1$ の確率、すなわち、10%ずつ出現すると予想されます。同じように、末尾の数字を調べた結果が下の表です。

末尾の数字	1	2	3	4	5	6	7	8	9	0	合計
度数	119	105	110	124	105	115	110	125	114	127	1154
%	10.3	9.1	9.5	10.7	9.1	10.0	9.5	10.8	9.9	11.0	99.9※

※各度数を総数1154で割り、小数第2位を四捨五入しているので、100ではなく99.9になっている。

　表をご覧いただければわかると思いますが、先頭の数字とは異なり、末尾の数字の場合は、**一様(同様)に分布する傾向**が見て取れます。実は、先頭の数字の分布が「ベンフォードの法則」にもとづくような場合は、その末尾の数字の分布は、桁数が大きくなると、一様になることが知られています。

第5章
推定

一部のデータから全体を推測する「推定」について解説します。具体的には「点推定」と「区間推定」です。特に重要な「区間推定」については、視聴率や大谷翔平選手（ロサンゼルス・エンゼルス）の打率を例に、計算を通してくわしく学びます。

5-1 一部分から全体を推定するということ

この章では「推定」について考えますが、その前に、次の簡単な例について考えてみましょう。

日本人の満20歳に達した成年男子の平均身長を求めるときに、成年男子すべてを調査することは、手間と暇がものすごくかかり、実際には不可能です。しかも、時間がかかるということは、調査中に調査ずみの人が亡くなったり、逆に若い人が成年男子になったりと、構成メンバーが変化してしまう問題も発生します。

そこで、日本人成年男子全体から一部の人を選び出し、その人たちを調査し、全体を推測する、ということが行われます。この章では、この例のような、**部分から全体を推測する方法**について考えていきましょう。

一般に、日本人成年男子のように、調査の対象となるもの全体を「**母集団**」といい、分析のために母集団から取りだされる一部のものを「**標本**」といいます。

さて、上記のように、母集団について完全に知ることは、いつも可能というわけではありません。そのような例として、以下のものがあります。

(1) 日本人成年男子のように、母集団の数が非常に多い場合。
(2) 缶詰の品質調査のように、母集団の数はかならずしも多くないが、すべてを調査するのは不可能な場合。
(3) 来年の完全失業率のように、未来に起こるため、現時点では調査が不可能な場合。

さて次の項から、具体的な例で推定について考えましょう。

母集団と標本とは？

日本人の成年男子

母集団をすべて調べようと思ったら膨大な時間がかかってしまう。調査中に若者が成年になったり、年配者の死亡などで、いつまでたっても正確な調査はできない

缶詰

母集団をすべて調べられないわけではないが、すべての缶詰を開けて中身を調べたら、どれも商品として成り立たなくなってしまうので、事実上不可能

未来

これから発生することなので母集団を決められず、そもそも調査ができない

これらは完全には母集団を知ることができない調査対象

5-2 推定の考え方で適切な標本数を割りだせる

前の項で、母集団や標本とはなにかを説明しました。この項からしばらく、具体的な例として、視聴率について考えてみます。

まず、「**視聴率とはなにか？**」をはっきりさせましょう。

視聴率とは、関東、関西、中京というような、ある地域のテレビの台数のうち、ある特定の番組を世帯の何％が見ているかを表したものです。つまり、式で書くと、

$$視聴率 = \frac{調査対象となる番組を見ているテレビの台数}{全体のテレビの台数}$$

となります。そこで問題になるのが、日本人成年男子の平均身長を求めるときと同様に、母集団のすべてのテレビを調査したのでは、それこそ時間と予算が膨大なものになってしまうということです。そこで、**一部について調べ、その結果をもとに全体を推測する**ことになります。

一般に、このような標本を抜きだして調査することは「**標本調査**」と呼ばれます。次に、どのように、そして、どのくらい調べればよいのかが問題になってきます。

さて、標本の数ですが、4～5台くらいでは、到底正確な推測はできないでしょうし、逆に100万台では、予算と時間がかかりすぎるでしょう。従って、そのあたりの兼ね合いをきちんと議論する必要がでてきます。そのための理論的根拠を与えてくれるのが、本章で取り上げる推定です。

次の項では、視聴率の例をもう少しくわしく考えてみることにしましょう。

第5章 推定

そもそも視聴率とは？

視聴率を推定する

視聴率 = 調査対象となる番組を見ているテレビの台数 / 全体のテレビの台数

標本の数が少なすぎる

4〜5台などと標本の数が少なすぎては、正確な視聴率を推測できない

標本の数が多すぎる

逆に100万台もあっては、調べるのに時間とコストがかかりすぎてしまう

標本の数が適切

標本の数を適切に選べば、標本から全体を推測できる。このときに利用するのが「推定」の考え方だ

5-3 テレビの視聴率はどうやって調査しているのか？

　前の項では、視聴率について簡単にふれました。この項では、もう少し踏み込んで視聴率の調査について見てみましょう。ただ、近年は、**タイムシフト**（録画してから見る）視聴率も考慮しなければならず、複雑になってきています。なので、ここでは、**リアルタイム**（生）の視聴率だけを考えていた1995年ごろに時計の針を戻して考えます。

　ある視聴率調査会社の場合、視聴率を測定する機械を取り付けてあるテレビの台数は関東地区で600台といわれています。つまり、**標本の数は600**です。一方、関東地区は1995年当時の国勢調査によると約1455万世帯。話を単純にするため、テレビは1世帯に1台あるとすると、母集団の数は1455万台ということになります。ただし、実際に視聴率測定装置が設置されている標本の600世帯は極秘になっています。どの家庭に測定器をつけているかがもれてしまうと、テレビ局から「うちのチャンネルを見てほしい」という依頼があるかもしれないからです。

　従って、公平な標本調査をするために、調査会社と測定器を設置する各家庭では、外部にもらさないという約束があらかじめ交わされているそうです。

　さらに、新聞社、出版社、テレビ局などのマスコミ関係者の家庭は除外され、しかも、毎月数十世帯ずつ入れ替えることにより、数年間で対象世帯がすべて入れ替わるように配慮されています。

　視聴率のよしあしは、ただちに億単位のCMの営業収益に影響しますから、視聴率調査もきちんと行う必要があるのです。

とはいえ、ただ視聴率だけを目的としたような粗悪な番組を流すのだけはやめてもらいたいものです。

次の項では、いよいよ推定の問題について考えてみましょう。

視聴率はどうやって調べる？

母集団 関東地区の場合は約1455万世帯（1995年当時）

標本 600台

調査 視聴率調査会社が実施

調査結果 テレビ局、広告代理店、広告主が参考にする

調査結果の影響 番組の存続、打ち切りが決まる

5-4 統計の考え方を使って視聴率を推定してみよう

ここまで、視聴率の標本調査について解説しました。この項では、前の項での数値を参考に、次の問題を考えましょう。

1455万台のテレビの中から、標本として600台を選び、ある番組Mの視聴状態を調べたところ、99台がこの番組を見ていたとします。**このとき全体の視聴率はおよそ何%と推定されるのでしょうか?** この問題は次のように考えられます。

1455万台のテレビの中から、でたらめに1台を選んだとき、それが番組Mを見ているという事象をAとします。このときのAの起こる確率は視聴率pに等しいと考えられます。そして、600台の標本をでたらめに選んだときも、その1つひとつについて、番組Mを見ているという事象Aは独立(aさんが見ているからbさんも見ている、ということではない)で、その確率は上のpであるとします。これらの仮定は、前の項で述べたような、公平な標本調査が実行されていれば問題ないとします。

そのような仮定のもとで、600台の標本のうち、この番組Mを見ている台数をXとすると、Xは確率変数となります。事象$\{X=r\}$の確率は、600回の独立試行で事象Aがr回起こる確率なので、

$$P(X=r) = {}_{600}C_r \, p^r (1-p)^{600-r}$$

となります。これは、第4章ですでに学んだように、二項分布$B(600, p)$です。

従って、平均mと標準偏差σは、次のようになります。

$$\text{平均 } m = 600p, \quad \text{標準偏差 } \sigma = \sqrt{600p(1-p)}$$

確率変数Xは二項分布

母集団：関東地区約1455万世帯　　**標本**：600台

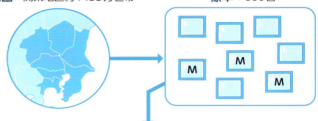

番組Mを見ている確率(視聴率)： p
番組Mを見ていない確率：1−p

確率変数Xは番組Mを見ている台数

番組Mを見ている確率は独立試行なので、
Xは二項分布B(600、p)に従う

$$P(X=r) = {}_{600}C_r \, p^r (1-p)^{600-r}$$ ここで、$r = 0、1、2、\cdots、600$

ただし、$\displaystyle {}_{600}C_r = \frac{600!}{r!(600-r)!}$

600台からr台取りだす組み合わせの総数

平均　$m = 600p$
標準偏差　$\sigma = \sqrt{600p(1-p)}$

**番組Mを見ている確率pと、
見ていない確率1−pに分かれる**

5 ズバリ1点で推定するのが「点推定」

　前の項の問題を確認しましょう。1455万台のテレビの中から、標本として600台を選び、ある番組Mの視聴状態を調べたところ、99台がこの番組を見ていたとします。このとき、**全体の視聴率はおよそ何％と推定されるでしょうか？**

　600台の標本のうち、この番組Mを見ている台数を確率変数Xとします。Xは二項分布B(600, p)に従うので、$\{X = r\}$となる確率は、600回の独立試行で事象Aがr回起こる確率、すなわち、

$$P(X = r) = {}_{600}C_r p^r (1-p)^{600-r}$$

となります。そして、平均mと標準偏差σは次のようになります。

$$m = 600p、\sigma = \sqrt{600p(1-p)}$$

　ここで、pは母集団の視聴率pのことです。いまそれを推定しようとしているので、当然pはわかりません。しかし、母集団の視聴率pを、600台の標本中99台が番組Mを見ていたというデータから推定し、

$$p = \frac{99}{600} = 0.165$$

とします。このような「p = 0.165」という推定は、母集団の視聴率をズバリ1点、標本の視聴率で推定するので、「**点推定**」といわれます。またこの値より、平均と標準偏差は以下のように計算されます。

$$m = 600p = 99$$
$$\sigma = \sqrt{600p(1-p)} = \sqrt{600 \times 0.165(1-0.165)} \fallingdotseq 9.09$$

しかし、この推定では、標本数の大小が考慮されていません。そこで、次の項では、**標本数を考慮した推定**について考えてみることにしましょう。

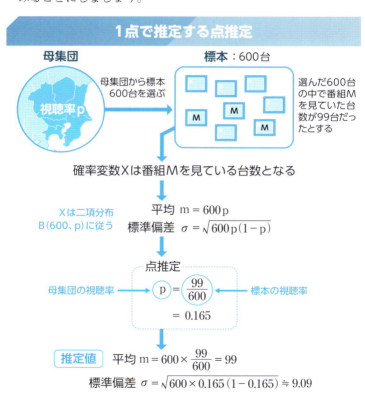

ズバリ1点で推定するのが点推定。しかし、標本の大小やばらつきが考慮されないという欠点もある

56 推定の幅を求める「区間推定」〜その①

前の項では、点推定の方法について考えました。しかし、この方法では、視聴率の推定に、データの数やばらつきなどが考慮されていません。そこでこの項では、**幅をもたせた推定**について考えます。

100ページで学んだように、二項分布$B(n, p)$のnが大きくなると、平均$m = np$、標準偏差$\sigma = \sqrt{p(1-p)}$の正規分布に近づくことが知られています。従って、**データの数nが多いとき、二項分布を正規分布と見なす**のです。正規分布は、計算結果が示されている表を用いれば、計算が煩雑になりません。

さらに、計算を簡単にするために、

$$T = \frac{X - m}{\sigma}$$

と置くと、Tは平均0、標準偏差1の標準正規分布になります。ただし、確率変数Xは番組Mを見ているテレビの台数です。

95%の確からしさ(分布の両端から2.5%ずつを除くこと)で推定するとき、標準正規分布表より、2.5%(0.025) ≒ 1.96なので、

$$P(|T| \leq 1.96) = 0.95$$

となります。$T = \frac{X - m}{\sigma}$と置いているので、$|T| \leq 1.96$と$|X - m| \leq 1.96\sigma$とは同じです。絶対値を外すと、

$$X - 1.96\sigma \leq m \leq X + 1.96\sigma$$

が、95%の確率で成り立つことがわかります。つまり、

$$P(X - 1.96\sigma \leq m \leq X + 1.96\sigma) = 0.95$$

です。次の項では、この式がいったいなにを意味するのか考えていきましょう。

区間推定とは（その①）

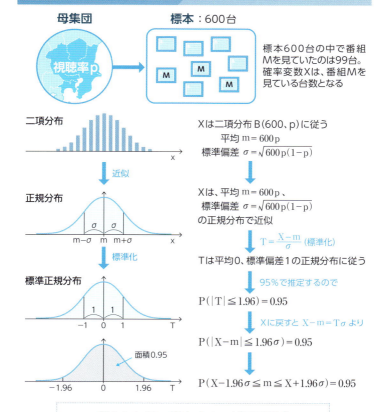

幅をもたせて推定するのが区間推定

推定の幅を求める「区間推定」〜その②

もう一度、流れをふりかえってみましょう。

まず、標本の分布は二項分布$B(600、p)$に従うと仮定しました。このとき、平均$m = 600p$、標準偏差$\sigma = \sqrt{600p(1-p)}$です。

次に、計算しやすいように、この二項分布を平均$m = 600p$、標準偏差$\sigma = \sqrt{600p(1-p)}$の正規分布に置きかえます。しかし、この平均、標準偏差とも、母集団における事象(ここでは母集団1455万台の中から選んだテレビが番組Mを見ているということ)の起こる確率pによって決まるので、もちろんわかりません。

従って、pとして点推定による$p = \frac{99}{600}$を用いることにしました。このとき正規分布の標準偏差は、$\sigma = \sqrt{600p(1-p)} = 9.09$となります。一方、前の項の計算より、95%の確率では次の式が成り立ちます。

$$X - 1.96\sigma \leq m \leq X + 1.96\sigma$$

ただし、確率変数Xは番組Mを見ているテレビの台数です。

そこで、標本調査によりX = 99で、m = 600p、σ = 9.09なので、

$$99 - 1.96 \times 9.09 \leq 600p \leq 99 + 1.96 \times 9.09$$

となり、95%の確率で、pは以下の不等式

$$0.135 \leq p \leq 0.195$$

を満たすと推定されます。このような推定を「**区間推定**」といい、この不等式が成り立つ確率「95%」のことを、この区間推定の「**信頼度**」といいます。また、0.135から0.195の区間は「信頼

区間」といわれます。従って**信頼度95%で、視聴率は13.5%から19.5%の間にあることが推定された**ことになります。次の項では、この信頼度を変える場合について考えてみましょう。

区間推定とは(その②)

母集団 / **標本：600台**

標本600台の中で番組Mを見ていたのは99台。確率変数Xは、番組Mを見ている台数となる

二項分布

↓ 近似

正規分布

↓ 標準化

標準正規分布

面積0.95

↓ 95%の確率で

P: 13.5% 16.5% 19.5%

Xは二項分布 $B(600, p)$ に従う

 平均 $m = 600p$
 標準偏差 $\sigma = \sqrt{600p(1-p)}$

Xは、平均 $m = 600p$
 標準偏差 $\sigma = \sqrt{600p(1-p)}$
の正規分布で近似

$T = \dfrac{X-m}{\sigma}$ (標準化)

Tは平均0、標準偏差1の正規分布に従う

↓ 95%で推定するので

$P(|T| \leq 1.96) = 0.95$

↓ $X - m = T\sigma$ より

$P(X - 1.96\sigma \leq m \leq X + 1.96\sigma) = 0.95$

$p = \dfrac{99}{600}$ と点推定して、標準偏差については、

$\sigma = \sqrt{600p(1-p)} = \sqrt{600 \times \dfrac{99}{600} \times \left(1 - \dfrac{99}{600}\right)} \fallingdotseq 9.09$

↓ $X = 99,\ m = 600p,\ \sigma = 9.09$ を代入

$P(99 - 1.96 \times 9.09 \leq 600p \leq 99 + 1.96 \times 9.09) = 0.95$

↓ pについて整理する

区間推定 → $P(0.135 \leq p \leq 0.195) = 0.95$

すなわち、信頼度95%で、母集団の視聴率pは、13.5%から19.5%の間にあると推定できる

5-8 信頼度の高さと信頼区間との関係は？

前の項では区間推定について考えましたが、話の流れを復習しておきましょう。

まず、二項分布 $B(600、p)$ で表せる確率変数 X を、

$$T = \frac{X-m}{\sigma}$$

と変形すると、確率変数 T の分布は、ほぼ標準正規分布に従い、

$$P(|T| \leq 1.96) = 0.95 \quad \cdots\cdots ★★$$

です。従って、$|X - m| \leq 1.96\sigma$、つまり、

$$X - 1.96\sigma \leq m \leq X + 1.96\sigma$$

が、95%の確率で成り立ちます。標本調査から $X = 99$、$\sigma = 9.09$ が得られたので、母集団の標準偏差の代わりにこれを用い、

$$99 - 1.96 \times 9.09 \leq 600\,p \leq 99 + 1.96 \times 9.09$$

となりました。これらのことより、95%の確率で、p は $0.135 \leq p \leq 0.195$ を満たすと推定されました。つまり、**信頼度95%で、視聴率は13.5%から19.5%の間にあることが推定された**のです。

では、上の「**95%**」を、さらに精度を上げて「**99%**」にするためには、どうしたらよいでしょうか？

結論から先にいうと、信頼度99%というのは、分布の両端から0.5%ずつを除くということですから、標準正規分布表より、0.5%（0.005）= 2.58 の値を用います。ゆえに、

$$P(|T| \leq 2.58) = 0.99$$

となります。前ページ★★の式の**定数1.96を2.58に置きかえればよい**のです。

また逆に、「90%」にしたければ、**定数1.96を1.65に置きかえればよい**のです。計算結果は下を参考にしてください。

信頼度を変えると区間も変わる

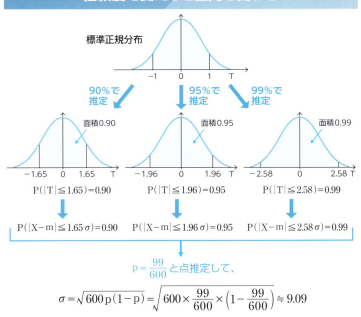

ポケモンの視聴率変化に意味はあったのか？

さて、少し古い話なのですが、1997年12月16日にテレビ東京系の人気アニメ「ポケットモンスター（ポケモン）」を見て、体調に異常を訴えた子どもたちがでました。このときの視聴率は16.5％でした。実はいままで考えてきた問題は、それに合わせて逆に問題をつくったのです。なぜなら、点推定では「全体の視聴率＝標本での視聴率」とみなしているので、次のような推定が可能となるからです。

$$p = \frac{99}{600} = 0.165 = 16.5\%$$

従って、前の項で述べたように、結果は以下で与えられました。

信頼度90％で、視聴率は14.0％と19.0％の間にある
信頼度95％で、視聴率は13.5％と19.5％の間にある
信頼度99％で、視聴率は12.6％と20.4％の間にある

信頼度を90％にすると信頼区間が狭くなり、信頼度を99％にすると広くなります。**信頼度を高めれば、それだけ区間は広がる**わけです。そして、ポケモンは一時中止となり、翌年の4月16日に再開されたときの視聴率は16.2％で、わずかに下回ったという記事が新聞に載っていました。

果たして、実質的に下回ったといえるのでしょうか？

16.2％というのは、上のどの信頼度で見ても、その信頼区間の中に入ってしまいます。従って、**0.3ポイントの差はそれほ**

ど意味があるとはいえません。統計学的に見て、「事件のせいで視聴率が下がった」といい切るのは難しいのです。

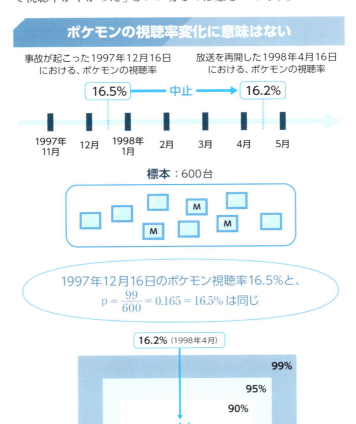

ポケモンの視聴率変化に意味はない

事故が起こった1997年12月16日における、ポケモンの視聴率 **16.5%** —中止→ 放送を再開した1998年4月16日における、ポケモンの視聴率 **16.2%**

標本：600台

1997年12月16日のポケモン視聴率16.5%と、
$p = \dfrac{99}{600} = 0.165 = 16.5\%$ は同じ

16.2%（1998年4月）
99%
95%
90%
16.5%（1997年11月）

16.5（％）－16.2（％）＝0.3（ポイント）。どの信頼度で見ても、その信頼区間に入るので、意味があるとは思えない

10 信頼度が上がると信頼区間も広くなる

いままでの項では視聴率を例に、ある信頼度の区間推定について述べてきました。この項では、区間推定に関するまとめをしていきましょう。

一般に、ある事象Aの起こる割合を標本調査によって推定するときは、以下のような手順で考えます。n個の標本の中で、r個について事象Aが起こったとき、母集団の中で事象Aの起こる割合pを信頼度95％で区間推定すると、

$$\frac{r}{n} - 1.96\frac{\sigma}{n} \leq p \leq \frac{r}{n} + 1.96\frac{\sigma}{n}$$

となります。ただし、標準偏差 σ は次の値を用います。

$$\sigma = \sqrt{np(1-p)} \fallingdotseq \sqrt{n \times \frac{r}{n} \times \left(1 - \frac{r}{n}\right)} = \sqrt{r \times \left(1 - \frac{r}{n}\right)}$$

このとき、信頼度を「95％」からさらに上げて「99％」にするためには、最初の式の定数1.96を2.58に置きかえます。逆に、信頼度を下げて「90％」にしたければ、定数1.96を1.65に置きかえればよいのです。

「**信頼度を上げる**」というのは「**推定される値の幅を多めにとっておく必要がある**」ということなので、信頼区間が広がります。逆に「**信頼度を下げる**」というのは「**推定される値の幅が少なめでよい**」ということなので、信頼区間が狭くなります。

さらに、信頼度95％の信頼区間の幅は、

$$2 \times 1.96 \times \left(\frac{\sigma}{n}\right)$$

ですが、$\sigma = \sqrt{r \times \left(1 - \frac{r}{n}\right)}$ なので、

$$2 \times 1.96 \times \sqrt{\frac{r}{n} \times \left(1 - \frac{r}{n}\right)} \times \frac{1}{\sqrt{n}}$$

と変形できます。従って、$\frac{r}{n}$ の割合が変わらないときには、幅は $\frac{1}{\sqrt{n}}$ に比例します。よって、**幅を $\frac{1}{2}$ に狭めるには、標本数は $2^2 = 4$ 倍にする必要があります。**

次の項では、野球の打率を例に考えてみましょう。

信頼度を変えれば区間も変わる

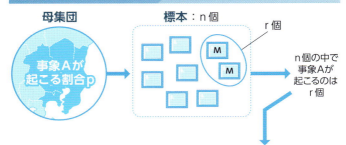

母集団の事象Aが起こる割合pを95％で区間推定する

信頼度95％　$\frac{r}{n} - 1.96 \frac{\sigma}{n} \leq p \leq \frac{r}{n} + 1.96 \frac{\sigma}{n}$

ただし、

$$\sigma = \sqrt{np(1-p)} \fallingdotseq \sqrt{n \times \frac{r}{n} \times \left(1 - \frac{r}{n}\right)} = \sqrt{r \times \left(1 - \frac{r}{n}\right)}$$

同じようにして

信頼度99％　$\frac{r}{n} - 2.58 \frac{\sigma}{n} \leq p \leq \frac{r}{n} + 2.58 \frac{\sigma}{n}$

信頼度90％　$\frac{r}{n} - 1.65 \frac{\sigma}{n} \leq p \leq \frac{r}{n} + 1.65 \frac{\sigma}{n}$

ただし、σは95％のときと同じ

大谷翔平選手の未来の打率を推定するとどうなる？

2018年、メジャーリーグに移籍した大谷翔平選手（ロサンゼルス・エンゼルス）が、投手と打者の二刀流で大活躍し、その年のア・リーグ新人王に選ばれました。2016年には、日本プロ野球史上初となる「2桁勝利、100安打、20本塁打」という偉業を達成し、日本ハムのリーグ優勝と日本一に貢献しています。

さて、安打数を打数で割った率を**打率**といいますが（厳密には、無限回、打席に立った場合）、ここでは、大谷選手が日本プロ野球に在籍していた（2013〜2017年）5年間通算の成績を、打率として考えることにします。ここまで考えてきた区間推定の方法を用いて、5年間の成績から、**大谷選手がそのままの調子だった場合（日本プロ野球に残った場合）の、将来の打率を推定**してみましょう。

5年間の大谷選手の成績は、打数1035のうち安打296でした。従って打率は $\frac{296}{1035} = 0.2859……$ です。ここで、n = 1035、p = 0.286として、90%の信頼度で区間推定してみると、

$$0.286 \pm 1.65 \sqrt{\frac{0.286 \times (1 - 0.286)}{1035}}$$

より、信頼区間は0.263と0.309の間です。

同様にして、信頼度を95%、99%と変えて計算した結果も含め整理すると、次のようになります。

信頼度90%で、打率は0.263と0.309の間
信頼度95%で、打率は0.258と0.314の間
信頼度99%で、打率は0.250と0.322の間

前にも述べたように、信頼度が高くなると、それだけ可能性の幅を広げる必要があります。

この結果を見ると、信頼度を上げて区間が広くなったとしても、「夢の4割打者」の可能性はあまりなかったようです。もちろんあくまで「統計学的」な話ですが……。

大谷翔平選手の打率を区間推定する

標本
1035打数 安打296

打率：$\dfrac{296}{1035} \fallingdotseq 0.286$

打率を区間推定する

信頼度90%

$$\dfrac{r}{n} - 1.65\dfrac{\sigma}{n} \leqq p \leqq \dfrac{r}{n} + 1.65\dfrac{\sigma}{n}$$

ただし、$\sigma = \sqrt{np(1-p)} \fallingdotseq \sqrt{n \times \dfrac{r}{n} \times \left(1-\dfrac{r}{n}\right)}$

$$\dfrac{r}{n} - 1.65\sqrt{\dfrac{1}{n} \times \dfrac{r}{n} \times \left(1-\dfrac{r}{n}\right)} \leqq p \leqq \dfrac{r}{n} + 1.65\sqrt{\dfrac{1}{n} \times \dfrac{r}{n} \times \left(1-\dfrac{r}{n}\right)}$$

ここで、n＝1035（打数）、r＝296（安打）より、

$\dfrac{r}{n} = \dfrac{296}{1035} \fallingdotseq 0.286$ を代入すると、

$$0.286 - 1.65\sqrt{\dfrac{0.286 \times (1-0.286)}{1035}} \leqq p \leqq 0.286 + 1.65\sqrt{\dfrac{0.286 \times (1-0.286)}{1035}}$$

$$0.263 \leqq p \leqq 0.309$$

同じように95%、99%の信頼度で区間推定すると、

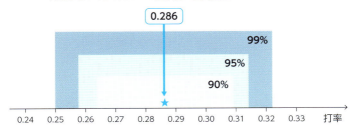

章末練習問題 ⑤

問題 5・1 大谷選手のメジャーリーグ1年目(2018年)の成績は、326打数、93安打でした。したがって、打率は $\frac{93}{326} = 0.28527\cdots$ です。ここまで考えてきた区間推定の方法を用いて、この2018年の成績から、大谷選手の調子が変わらない場合の将来の打率を考えてみましょう。

本文と同様に、n = 326、p = 0.285として、90%、95%、99%の信頼度で、それぞれ区間推定してください。

5・1 解答 90%、95%、99%の信頼度で、それぞれ、

$$0.285 \pm 1.65 \sqrt{\frac{0.285 \times (1 - 0.285)}{326}}$$

$$0.285 \pm 1.96 \sqrt{\frac{0.285 \times (1 - 0.285)}{326}}$$

$$0.285 \pm 2.58 \sqrt{\frac{0.285 \times (1 - 0.285)}{326}} \quad \text{となります。}$$

従って計算すると、次のようになります。

● 90%の信頼度の場合

$$0.285 - 1.65\sqrt{\frac{0.285\times(1-0.285)}{326}} \leq p \leq 0.285 + 1.65\sqrt{\frac{0.285\times(1-0.285)}{326}}$$

これを計算すると、$0.244 \leq p \leq 0.326$ となります。すなわち、

答え：**信頼度90％で、打率は0.244と0.326の間**

● 95%の信頼度の場合

$$0.285 - 1.96\sqrt{\frac{0.285\times(1-0.285)}{326}} \leq p \leq 0.285 + 1.96\sqrt{\frac{0.285\times(1-0.285)}{326}}$$

これを計算すると、$0.235 \leq p \leq 0.335$ となります。すなわち、

答え：**信頼度95％で、打率は0.235と0.335の間**

● 99%の信頼度の場合

$$0.285 - 2.58\sqrt{\frac{0.285\times(1-0.285)}{326}} \leq p \leq 0.285 + 2.58\sqrt{\frac{0.285\times(1-0.285)}{326}}$$

これを計算すると、$0.220 \leq p \leq 0.350$ となります。すなわち、

答え：**信頼度99％で、打率は0.220と0.350の間**

章末練習問題 ⑤

問題 5・2 前の問題を、打数も安打も仮に100倍して、32600打数、9300安打としたときに、同様に90%、95%、99%の信頼度でそれぞれ区間推定してください。

5・2 解答 同様に、90%、95%、99%の信頼度で、それぞれ、

$$0.285 \pm 1.65\sqrt{\frac{0.285 \times (1-0.285)}{32600}}$$

$$0.285 \pm 1.96\sqrt{\frac{0.285 \times (1-0.285)}{32600}}$$

$$0.285 \pm 2.58\sqrt{\frac{0.285 \times (1-0.285)}{32600}}$$

となります。区間の幅は前の問題の $\frac{1}{10}$ になっていることに注意してください。従って、次のようになります。

● 90%の信頼度の場合

$$0.285 - 1.65\sqrt{\frac{0.285 \times (1-0.285)}{32600}} \leq p \leq 0.285 + 1.65\sqrt{\frac{0.285 \times (1-0.285)}{32600}}$$

これを計算すると、$0.281 \leq p \leq 0.289$ となります。すなわち、
答え：信頼度90%で、打率は0.281と0.289の間

● 95%の信頼度の場合

$$0.285 - 1.96\sqrt{\frac{0.285 \times (1-0.285)}{32600}} \leq p \leq 0.285 + 1.96\sqrt{\frac{0.285 \times (1-0.285)}{32600}}$$

これを計算すると、$0.280 \leq p \leq 0.290$ となります。すなわち、
答え：**信頼度95%で、打率は0.280と0.290の間**

● 99%の信頼度の場合

$$0.285 - 2.58\sqrt{\frac{0.285 \times (1-0.285)}{32600}} \leq p \leq 0.285 + 2.58\sqrt{\frac{0.285 \times (1-0.285)}{32600}}$$

これを計算すると、$0.279 \leq p \leq 0.291$ となります。すなわち、
答え：**信頼度99%で、打率は0.279と0.291の間**

このように、データ数が100倍なので、信頼区間の幅が狭まり、99%の信頼度であっても、今度は打率が3割を超えないのです。

5 「シンプソンの パラドックス（逆説）」とは？

数学のテストを行いました。クラスAもクラスBも、男子の平均点が女子の平均点よりも上でした。さて、クラスAとクラスBを合わせた全体の平均点を比べたとき、「男子の平均点が、女子の平均点よりも**下**となるようなことが起こり得る」でしょうか？

直感的には、「そんなことは起こり得ないのでは？」と思えます。しかし、**起こり得る**のです。その簡単な例を以下で紹介します。テストの点が、「0点、1点、2点、3点」の4種類しかない場合を考えてみましょう。

◆Aクラス
男子2名とも1点　　平均点1点
女子1名が0点　　　平均点0点　（男子の平均点が女子より上）

◆Bクラス
男子1名が3点　　　平均点3点
女子6名が2点　　　平均点2点　（男子の平均点が女子より上）

◆A＋Bクラス
男子の平均点 $= \dfrac{1\times2+3\times1}{3} = \dfrac{5}{3} \fallingdotseq 1.67$

女子の平均点 $= \dfrac{0\times1+2\times6}{7} = \dfrac{12}{7} \fallingdotseq 1.71$

このように、「$\dfrac{5}{3} \fallingdotseq 1.67$（男子の平均点）$< \dfrac{12}{7} \fallingdotseq 1.71$（女子の平均点）」となるので、全体の平均点は、女子のほうが男子より上になり、逆転してしまうのです。

母集団を2つに分けた場合のそれぞれの分析結果が、母集団全体では正反対の分析結果になってしまうようなパラドックス（逆説）的な状況は「**シンプソンのパラドックス**」と呼ばれることがあります。ちょっとだまされたような、マジックのような例ですが、このような例はいくらでもあります。

第6章
検定

ある仮説を立てたときに、それが正しいかどうかを判定する「**検定**」について学びます。例えば、10回コインを投げたとき、何回表が出たらそのコインは「かたよりがある」といえるのか、という問題を扱います。

6-1 5回連続して表がでたコインは「かたよっている」といえるのか？

第6章では「検定」について学びます。まずそのために、コイン投げの簡単な例から考えてみましょう。

ここに1枚のコインがあります。このコインを1回投げたら「表」がでました。さらに、もう1回投げたら、また「表」がでました。ところが、3回目も、4回目も同じように「表」がでて、結局、最初から5回続けて「表」がでたとしましょう。

さて、このコインは、「表」のでる確率も「裏」のでる確率も、ちょうど半分の $\frac{1}{2}$ である「かたよりのない」コインと考えられるでしょうか？

ある人は、「5回も続けて表がでたのだから、このコインはかたよりがある」と思うかもしれません。また別の人は「10回くらい表が続けてでないと、かたよりがあるとは判断できない」と主張するかもしれません。

このように、かたよっているかどうかは、**ある客観的な判断基準を示さないと決められません。そのために、検定の考え方が重要になるのです。**

かたよりのないコインで、5回連続して表がでる確率は、以下のように、$\frac{1}{2}$ を5回かけた値です。

$$\frac{1}{2} \times \frac{1}{2} \times \frac{1}{2} \times \frac{1}{2} \times \frac{1}{2} = \left(\frac{1}{2}\right)^5 = \frac{1}{32} = 0.03125 \fallingdotseq 3\%$$

つまり、約3%です。

従って、かたよりのないコインを5回続けて投げ、すべて表がでたとすると、それは**100回に3回くらいの割合でしか起こらないことが起こった**、と考えられるのです。

5回続けて表がでる確率は?

Aさん　5回連続で表がでたらかたよりがあるんじゃないかな

Bさん　10回くらい連続してでないとそうはいい切れないんじゃない？

こんなとき、検定が役に立つ

コイン　表 　　コイン　裏

このコインを5回投げたら、連続して5回表がでた

1回 　2回 　3回 　4回 　5回

かたよりのないコインであれば、
表がでる確率も裏がでる確率も同じ $\frac{1}{2}$、と仮定すると、
5回連続して投げて、5回表がでる確率は以下のとおり

$$\frac{1}{2} \times \frac{1}{2} \times \frac{1}{2} \times \frac{1}{2} \times \frac{1}{2} = \left(\frac{1}{2}\right)^5 = \frac{1}{32} = 0.03125 \fallingdotseq 3\%$$

「コインはかたよっていない」という仮説を立てて検定すると?

　前の項で考えた問題を、もう1度おさらいしましょう。

　ここに1枚のコインがあります。このコインを5回続けて投げたら、すべて表がでました。このコインはかたよりのないコインと考えられるでしょうか?

　かたよりのないコインで5回連続して表がでる確率は約3%でした。ということは、「このコインはかたよりがある」という判定を下すと、その判定が間違っている確率、つまり、「このコインはかたよりがない」という確率は、およそ3%しかないといえます。また、**判定が間違う確率の3%をもっと少なくするためには、コインを投げる回数を増やせばよい**のです。たとえば、6回続けて表がでたとき、「コインはかたよっている」と判定して、それが間違う確率は、

$$\left(\frac{1}{2}\right)^6 = \frac{1}{64} = 0.015625 ≒ 1.6\%$$

となり、3%より小さくなります。

　さらに、7回続けて表がでたとき、「コインはかたよっている」と判定して、それが間違う確率は

$$\left(\frac{1}{2}\right)^7 = \frac{1}{128} = 0.0078125 ≒ 0.8\%$$

となり、1.6%よりさらに小さくなります。

　前項で述べたように、このような考え方を検定といいます。なぜなら、「コインはかたよっていない」という仮定を立て、それが正しいかどうかを検定しているからです。この仮定は、「**仮説**」といわれます。また、5回続けて表がでたときの3%の

ように、検定が間違ってしまう確率は「**危険率**」(あるいは難しい言葉で「**有意水準**」)と呼ばれます。次の項で、これまでの話を整理しましょう。

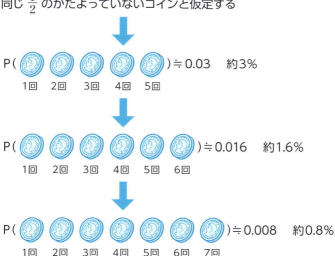

検定の独特な考え方の流れを知っておくことが大切!

前の項で述べた検定の考え方を初めて読まれた方は、多少戸惑うかもしれません。なぜなら、検定の考え方の流れは、ストレートではないからです。この項では検定の考え方の流れを整理しておきましょう。

検定はまず、どちらかというと、**主張したいことと反対の仮説を立てます**。「無に帰することを予定して」という意味で、この仮説のことを難しい言葉で「**帰無仮説**」と呼ぶこともあります。このほうが、直感的なイメージがつかみやすいのです。しかし、いつも「無に帰する」わけではないので、「帰無仮説」という呼び方には注意を要します。

ところで、いままでの例では「コインはかたよりがない」というのがわれわれの立てた仮説でした。次に、この仮説を、実際に起こったことにもとづき検証します。そのために、仮説が正しいとして、実際に起こった事象の確率を計算します。もしこの確率が非常に小さいならば、仮説からすれば起こるはずのないことが起こったことになります。従って、最初に立てた仮説は「誤っている」と判断せざるをえません。このとき、仮説は「**棄却される**」といいます。つまり、**無に帰した**のです。

コインの例であれば、5回続けて表がでる確率は約3%です。もし、この3%を「まれ」と考えるならば、「コインはかたよりがない」という仮説は棄却され、「かたよりがある」という判定がくだされるのです。

次の項では、この「まれ」の基準の危険率について考えてみましょう。

検定の考え方の流れ

このコインは、（表）がでる確率も、（裏）がでる確率も同じ $\frac{1}{2}$ の、かたよっていないコインと仮定する

 が5回連続ででる確率≒0.03　約3％

まれなことが起こったと考えるなら

「コインはかたよっていない」という最初の仮説は棄却される

コインはかたよっていると判定できる!!

主張したいことと反対の仮説を立てるのが大事

検定の結果は「危険率」によって変わってくる

前の項では、検定の考え方を整理しましたが、この項では、**危険率**についてもう少し踏み込んで考えましょう。

1枚のコインを5回続けて投げたら、すべて表がでました。そこで「コインはかたよっていない」という、どちらかというと間違っていそうな仮説を立て、それが正しいかどうかを検定します。

そのために、このコインがかたよっていないと仮定したとき、5回続けて表がでる確率を計算します。その確率は約3%でした。さて、3%という計算結果がでてから、**この3%が「まれ」な確率かどうかが、次の問題**となります。

ふつう、この「まれ」の基準となる危険率は、5%（100回中に5回）や1%（100回中に1回）に、あらかじめ決めておきます。しかし、危険率の数値は、検定する目的に応じて異なり、「ズバリ、これだ」とは決められません。とはいえ、**一般には5%や1%などを用いることが多い**のです。

コインの例の場合、仮に危険率を5%にすると、起こる確率が5%でもまれなことが起こったと考えるわけですから、3%では、なおさらまれなことが起こったといえるわけで、「コインはかたよっていない」という仮説は棄却され、「かたよっている」という結論になります。

一方、危険率を1%にすると、3%ではまれとはいえず、仮説は棄却されず、「かたよっていない」という仮説を否定できません。ただし、「**かたよっていない**」**という判定を積極的に採用しているわけではないことに注意**する必要があります。

「まれ」の程度を決める「危険率」

仮説 コインは、(表)がでる確率も、(裏)がでる確率も同じ $\frac{1}{2}$ で、かたよっていない

↓

P(1回 2回 3回 4回 5回) ≒ 0.03 約3%

危険率が5%の場合 (5%以下は「まれ」といえる)	危険率が1%の場合 (1%以下は「まれ」といえる)
「まれ」なことが 起こったと考える	「まれ」なことが 起こったとは考えない
最初に立てた仮説は 棄却される	最初に立てた仮説は 棄却されない
コインはかたよっている	コインはかたよっていない という仮説は否定できない (ただし、仮説を積極的に 支持しているわけではない)

「まれ」かどうかは、基準となる危険率によって変わってくる

6-5 「5回中4回表」のとき、「かたよりがある」といえる？

コインの問題を、もう少し複雑にしてみます。

たとえば、コインを5回続けて投げて、4回表がでたとします。従って、もちろん裏は1回だけです。このとき、このコインは「かたよりがある」と判定できるでしょうか？

前の問題と同じように、まずこのコインは「かたよりがない」として考えます。このかたよりのないコインを5回投げて、表がでる回数をXとすると、確率変数Xは前述したように、二項分布$B\left(5, \frac{1}{2}\right)$に従います。「**5**」は**コインを投げた回数**、「$\frac{1}{2}$」は**表がでる確率**ですね。すなわち、5回中k回表がでる事象、$\{X = k\}$の確率は以下で与えられます。

$$P(X=k) = {}_5C_k \left(\frac{1}{2}\right)^k \times \left(\frac{1}{2}\right)^{5-k} = {}_5C_k \left(\frac{1}{2}\right)^5 = \frac{{}_5C_k}{32}$$

k = 0、1、…、5の場合を具体的に計算すると、

$$P(X = 0) = \frac{{}_5C_0}{32} = 0.03125$$

$$P(X = 1) = \frac{{}_5C_1}{32} = 0.15625$$

$$P(X = 2) = \frac{{}_5C_2}{32} = 0.3125$$

$$P(X = 3) = \frac{{}_5C_3}{32} = 0.3125$$

$$P(X = 4) = \frac{{}_5C_4}{32} = 0.15625$$

$$P(X = 5) = \frac{{}_5C_5}{32} = 0.03125$$

このとき、「コインはかたよりがない」という仮説が正しいとすると、5回中4回表がでる確率、$P(X=4)$ はこの結果より15.625%となります。しかし、正確に議論するならば、5回中5回表がでる確率、$P(X=5)$ の値も考えないといけません。これについては、次の項で解説しましょう。

確率変数は二項分布の計算で表せる

例 コインを5回投げたら4回表がでた

1回 2回 3回 4回 5回

⬇

一般に、かたよりのないコインを5回投げて表のでる回数をXとすると、これは独立な試行といえる。そのため、Xは二項分布 $B\left(5, \frac{1}{2}\right)$ に従う

⬇

$$P(X=k) = {}_5C_k \left(\frac{1}{2}\right)^k \times \left(\frac{1}{2}\right)^{5-k}$$
$$= {}_5C_k \left(\frac{1}{2}\right)^5$$
$$= \frac{{}_5C_k}{32} \quad (k=0, 1, \cdots, 5)$$

ただし、${}_5C_k = \frac{5!}{k! \times (5-k)!}$ は、

5個の中からk個選ぶ組み合わせの総数

5回中5回表がでるときも忘れないようにする

06 「5回中4回表」でも、「かたよりがある」とはいい切れない場合

前の項の続きです。以下のような問題を考えています。

コインを5回続けて投げて、4回表がでたとします。このとき、「このコインはかたよりがある」と判定できるでしょうか？ 危険率5%で検定してみましょう。前の項の結果を書くと、以下のような確率分布になります。

X	0	1	2	3	4	5
確率	0.03125	0.15625	0.3125	0.3125	0.15625	0.03125

ただし、確率変数Xは表のでる回数です。

さて、「コインにかたよりがない」という仮説が正しいとすると、5回中4回表がでる確率、$P(X=4)$ は上の結果より15.625%となります。この場合、15.625%という値は設定した危険率よりはるかに大きいので、それほど問題にはなりません。しかし、そうでない場合（次の項の例など）、もしも4回表がでたときに仮説を捨てて、「かたよりがある」と判定すると、5回表がでたときも仮説を捨てて、「かたよりがある」と判定しなければなりません。そこで、次のような計算が必要になるのです。つまり、4回表がでたという結果から「かたよりがある」と判定する場合には、4回以上表がでるという確率、すなわち、

$$P(X=4)+P(X=5) = 0.15625 + 0.03125 = 0.1875 ≒ 19\%$$

が小さいかどうかを判定しなくてはなりません。危険率は5%と設定しておいたので、上の結果の19%はかなり大きい値です。

ということは、5回中4回表がでただけでは、「かたよりがない」という仮説を捨てられません。従って、**もっとコインを投げてみなければ、かたよりがあるかどうかはなんともいえない**のです。

検定してかたよりの有無を判定

仮説 コインは、（表）がでる確率も、（裏）がでる確率も同じ $\frac{1}{2}$ で、かたよっていない

↓

危険率を5%に設定する
→ これは、5%以下は「まれ」といえる、ということ

↓

5回投げた 5回中4回表がでた
1回 2回 3回 4回 5回

↓ 検定開始！

P(5回中4回表)＋P(5回中5回表)
＝0.15625＋0.03125＝0.1875≒19%

↓

危険率5%＜19%

↓

まれなことが起こったとはいえない

↓

仮説は棄却されない → 次項では、投げる回数を増やすとどうなるかを考えてみよう

7 危険率5%なら「10回中9回表」で「かたよりがある」といえる!

　前の項では、コインを5回続けて投げて、4回表がでたとします。このとき、危険率5%では、この「コインはかたよりがない」という仮説を棄却することができませんでした。そこで、この項では、**コインを10回投げて8回表がでたらどうなるか**について考えてみましょう。

　5回中4回表がでても、10回中8回表がでても、表がでる割合は同じ8割ですが、結論は変わるのでしょうか？　前と同様に、かたよりのないコインを10回投げて、表がでる回数をXとすると、確率変数Xは二項分布 $B\left(10, \dfrac{1}{2}\right)$ に従います。すなわち、10回中k回表がでる事象 $\{X = k\}$ の確率は次のようになります。

$$P(X = k) = {}_{10}C_k \left(\dfrac{1}{2}\right)^k \times \left(\dfrac{1}{2}\right)^{10-k} = {}_{10}C_k \left(\dfrac{1}{2}\right)^{10} = \dfrac{{}_{10}C_k}{1024}$$

　この式にk = 0、1、…、10を代入して具体的に計算し、結果を書くと、右ページのような確率分布になります。前の項と同様に、8回以上表のでる確率を求めると、0.044 + 0.010 + 0.001 = 0.055 = 5.5% になり、この場合も危険率5%を超えてしまいます。これでは、まれなことが起こったとは主張できません。「コインにかたよりがない」という仮説を棄却できないことになります。

　ただし**10回中9回なら、0.010 + 0.001 = 0.011 = 1.1%、20回中16回だと0.6%となり、ともに危険率が5%より小さく、まれなことが起こったと主張できます**。ゆえに、「コインにかたよりがない」という仮説を棄却でき、「コインにかたよりが

ある」と判定できるのです。

次の最終章では、データの間の「**相関**」について学びます。

危険率を超えれば「まれ」とはいえない

仮説 コインは、(表)がでる確率も、(裏)がでる確率も同じ $\frac{1}{2}$ で、かたよっていない

危険率を5%に設定する
→ これは、5%以下は「まれ」といえる、ということ

10回投げた  10回中8回表がでた

検定開始！

x	0	1	2	3	4	5	6	7	8	9	10
確率	0.001	0.010	0.044	0.117	0.205	0.246	0.205	0.117	0.044	0.010	0.001

ただし、Xは10回投げて表のでる回数

$P(X=8) + P(X=9) + P(X=10)$
$= 0.044 + 0.010 + 0.001$
$= 0.055 = 5.5\%$

危険率5% < 5.5%

まれなことが起こったとはいえない

仮説は棄却されない

10回中9回表がでたら…

$P(X=9) + P(X=10)$
$= 0.010 + 0.001 = 1.1\%$

危険率5% > 1.1%

まれなことが起こったといえる

仮説は棄却される

章末練習問題 ⑥

問題 6・1 コインを6回続けて投げて、5回表がでたとします。このとき、「このコインはかたよりがない」という仮説を立てます。

① 危険率が5%のとき、この仮説を棄却することはできるでしょうか？ できないでしょうか？
② 危険率が1%のとき、この仮説を棄却することはできるでしょうか？ できないでしょうか？

6·1
解答

① コインを6回投げて、表がでる回数をXとすると、確率変数Xは二項分布 $B\left(6, \frac{1}{2}\right)$ に従います。「6」はコインを投げた回数、「$\frac{1}{2}$」は表がでる確率です。

具体的に計算すると、

$$P(X=5) + P(X=6) = \frac{{}_6C_5 + {}_6C_6}{2^6}$$

$$= \frac{\frac{6!}{5! \times (6-5)!} + \frac{6!}{6! \times (6-6)!}}{64}$$

$$= \frac{\left(\frac{6 \times 5 \times 4 \times 3 \times 2 \times 1}{5 \times 4 \times 3 \times 2 \times 1 \times 1}\right) + \left(\frac{6 \times 5 \times 4 \times 3 \times 2 \times 1}{6 \times 5 \times 4 \times 3 \times 2 \times 1 \times 1}\right)}{64}$$

$$= \frac{6+1}{64}$$

$$= \frac{7}{64}$$

$$\fallingdotseq 0.109$$

となるので、**約11%**。

従って、危険率5%より大きく、棄却できません。

② 同様に、危険率1%より大きく、棄却できません。

章末練習問題 ⑥

問題 6·2 コインを8回続けて投げて、7回表がでたとします。このとき、「このコインはかたよりがない」という仮説を立てます。

① 危険率が5%のとき、この仮説を棄却することはできるでしょうか？ できないでしょうか？
② 危険率が1%のとき、この仮説を棄却することはできるでしょうか？ できないでしょうか？

6・2 解答

① コインを8回投げて、表がでる回数をYとすると、確率変数Yは二項分布 $B\left(8, \frac{1}{2}\right)$ に従います。「8」はコインを投げた回数、「$\frac{1}{2}$」は表がでる確率です。

具体的に計算すると、

$$P(Y=7) + P(Y=8) = \frac{{}_8C_7 + {}_8C_8}{2^8}$$

$$= \frac{\frac{8!}{7! \times (8-7)!} + \frac{8!}{8! \times (8-8)!}}{256}$$

$$= \frac{\left(\frac{8 \times 7 \times 6 \times 5 \times 4 \times 3 \times 2 \times 1}{7 \times 6 \times 5 \times 4 \times 3 \times 2 \times 1 \times 1}\right) + \left(\frac{8 \times 7 \times 6 \times 5 \times 4 \times 3 \times 2 \times 1}{8 \times 7 \times 6 \times 5 \times 4 \times 3 \times 2 \times 1 \times 1}\right)}{256}$$

$$= \frac{8+1}{256}$$

$$= \frac{9}{256}$$

$$\fallingdotseq 0.035$$

となるので、**約4%**。

従って、危険率5%より小さく、棄却されます。

② 4%は危険率1%より大きいので、棄却できません。

Column 6 宝くじは「連番」で買うべき?「ばらばら」で買うべき?

　ここでは**宝くじ**について考えてみましょう。ここに、1からnまでの数字が書かれている宝くじがあるとします。1の当せん金は10万円、2とnの当せん金は1万円、そのほかの数字の当せん金は0円（はずれ）です。このとき、「連番でm枚買う」のと、「ばらばらにm枚買う」のとでは、どちらが当せん金の期待値が大きくなるでしょうか？　ただし、連番で買う場合、nの次の数字は1であるとします。

　一般のnとmの場合だと少々わかりにくいので、n＝5、m＝3の場合を考えてみましょう。このときは、1、2、3、4、5の数字が書かれている宝くじがあり、連番で3枚買うときは、{1、2、3}、{2、3、4}、{3、4、5}、{4、5、1}、{5、1、2}の5通りの連番の買い方を、それぞれ等しく、$\frac{1}{5}$の確率で買う場合に対応します。当せん金は、順番に、11万円、1万円、1万円、11万円、12万円なので、期待値は、$\frac{11+1+1+11+12}{5} = \frac{36}{5} = 7.2$万円です。

　一方、「ばらばら」に3枚買うときは、「5枚の中から順序を問題にしないで3枚を選ぶ組み合わせの総数」である${}_5C_3 = 10$を、それぞれ等しく、$\frac{1}{10}$の確率で買う場合に対応します。

　具体的には、{1、2、3}、{1、2、4}、{1、2、5}、{1、3、4}、{1、3、5}、{1、4、5}、{2、3、4}、{2、3、5}、{2、4、5}、{3、4、5}の10通りの買い方を、それぞれ$\frac{1}{10}$の確率で買います。当せん金は、順番に、11万円、11万円、12万円、10万円、11万円、11万円、1万円、2万円、2万円、1万円なので、期待値は、$\frac{72}{10} = 7.2$万円となり、「連番」でも「ばらばら」でも等しくなります。

　これは、特別な場合だから一致したのではありません。一般のmとnの場合でも、同様に期待値は「$12\frac{m}{n}$」万円となり、「連番」でも「ばらばら」でも等しくなります。

第7章
相関

最後の章では、**データのグループ間の関係**を表す「相関」について学びます。具体的には、データ同士の関係の度合いを数値で表す「相関係数」を定義します。その後、簡単な例で相関係数の計算方法を解説します。

あるデータと、それとは別のデータの関係を調べる

　最後の第7章では、あるデータのグループとほかのデータのグループがどの程度関係するのか、**その程度を数値で表す方法**について考えてみましょう。たとえば「身長と体重との関係」「年齢と血圧との関係」「数学の成績と理科の成績との関係」など、いろいろあります。この章の初めでは、単純化した成績の例をもとに、あるグループとほかのグループの関係について考えてみましょう。

　ここに4人の学生a、b、c、dがいます。この学生たちの7科目（科目Aから科目G）の成績評価を「10、20、30、40」の点数で表すことにします。結果は次のようになりました。

科目	A	B	C	D	E	F	G
学生a	10	10	20	30	20	30	40
学生b	20	20	10	10	40	40	30
学生c	30	30	40	40	10	10	20
学生d	40	40	30	20	30	20	10

　たとえば、科目Aと科目Bの成績に関しては、学生a、b、c、dの成績の傾向はまったく同じです。また、科目Aと科目Gは成績の傾向がまったく逆です。さらに、科目Aと科目Dとの間には、関係がなさそうです。このようにざっと眺めただけで、上のようなことはすぐわかります。とはいえ、一般には数字を見ただけで判断するのは、多少心もとないものです。そこで次の項では、このような関係をよりはっきり理解するために、**視覚的に表す方法**について紹介します。

データ同士に関係はある？

科目	A	B	C	D	E	F	G
学生a	10	10	20	30	20	30	40
学生b	20	20	10	10	40	40	30
学生c	30	30	40	40	10	10	20
学生d	40	40	30	20	30	20	10

A↑ B↑ 傾向が同じ

C・D 関係なさそう

A ↔ G 傾向が逆

表からだけだとよくわからない

2 データ同士の関係を「相関図」でグラフ化する

前の項では、4名の学生たちの成績について考えました。成績は下の表のようでした。

科目	A	B	C	D	E	F	G
学生a	10	10	20	30	20	30	40
学生b	20	20	10	10	40	40	30
学生c	30	30	40	40	10	10	20
学生d	40	40	30	20	30	20	10

さて、この項からはしばらく、科目Aを基準とした、ほかの科目の成績との関係について考えてみましょう。このとき、上の表を眺めるだけよりも、もう少し有効な方法があります。

たとえば、科目Aの成績と科目Bの成績との関係について考えてみましょう。

科目Aの成績をx座標、科目Bの成績をy座標として、それぞれ4名の学生のデータをx-y座標上の点で表してみると、右図のようになります。このように、2つの値（ここでは成績評価の数字）をx座標、y座標にとり、データをx-y平面上の点で表した図を「**相関図**」あるいは「**散布図**」といいます。

右の相関図を見ると、4つの点がすべて直線「$y = x$」上にあり、「**科目Aの成績がよいほど、科目Bの成績もよい**」という傾向がはっきり表れていることが読み取れます。

次の項では、科目Aとほかの科目との関係について、相関図を用いて調べてみましょう。

学生の成績を視覚化すると

科目	A	B	C	D	E	F	G
学生a	10	10	20	30	20	30	40
学生b	20	20	10	10	40	40	30
学生c	30	30	40	40	10	10	20
学生d	40	40	30	20	30	20	10

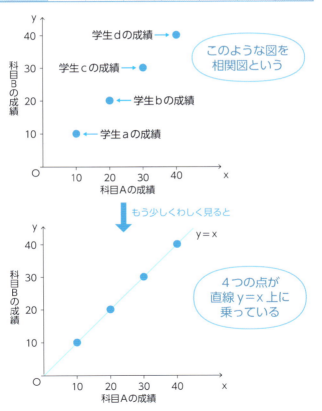

このような図を相関図という

もう少しくわしく見ると

4つの点が直線 $y=x$ 上に乗っている

3 相関が「強い」「弱い」「ない」とは？

引き続き、学生たちの以下の成績について考えます。

科目	A	B	C	D	E	F	G
学生a	10	10	20	30	20	30	40
学生b	20	20	10	10	40	40	30
学生c	30	30	40	40	10	10	20
学生d	40	40	30	20	30	20	10

前の項で紹介した相関図を用いて、科目Aの成績を基準にした、科目BからGのほかの6科目との関係を調べてみましょう。

右ページにそれらの相関図を示しました。科目AとBのように「一方が増せば他方も増す傾向」があるとき「**正の相関**」があるといいます。逆に、科目AとGのように「一方が増せば他方は減る傾向」があるとき「**負の相関**」があるといいます。

また、正の相関、負の相関いずれの場合も、1つの直線に接近して分布しているほど「**相関が強い**」といい、逆に直線から離れて分布するほど「**相関が弱い**」といいます。さらに、科目AとD、科目AとEのように、上のいずれの傾向も見られないとき「**相関がない**」といわれます。

ところで、科目AとC、科目AとFの場合、どういう傾向が見られるでしょうか？ 科目AとCは正の相関が、科目AとFは負の相関があるように見えますが、はっきりしません。

次の項では、**相関の強さを表す数値**について考えてみることにしましょう。

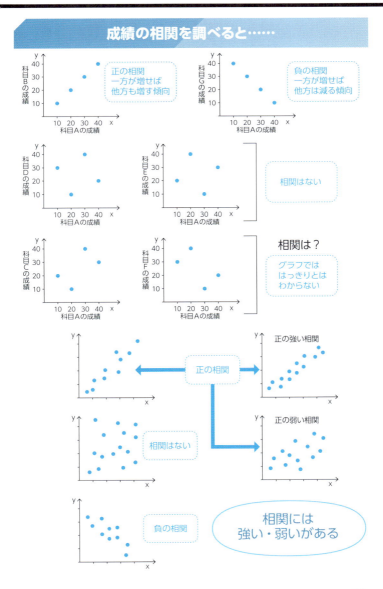

データ同士の関係の度合いを数値で表す「相関係数」

　前の項では、さまざまな相関について整理しました。

　この項では、それらの関係を**数値**で表せるようにしてみましょう。ここでも引き続き、学生の成績の例を使って解説していくことにします。

　成績の例を用いて科目AとB、科目AとGの相関図をつくると、右図のようになります。

　相関の強さを数値化したときに、正の相関は「プラス」の値を、負の相関は「マイナス」の値を、さらに、まったく相関がない場合は「0」の値をとるものであれば便利です。

　また、相関図をつくったとき、科目AとBのように、「正の傾きをもつ直線」（一方の値が大きくなると他方の値も大きくなる右上がりの直線）上に乗る場合は「1」を、逆に、科目AとGのように、「負の傾きをもつ直線」（一方の値が大きくなると他方の値は小さくなる右下がりの直線）上に乗る場合は「−1」をとるように標準化しておけば、相関図同士の相互比較がとてもしやすいはずです。

　このように相関を示す値が「1」のものは「**正の完全相関**」、「−1」のものは「**負の完全相関**」と呼ばれます。

　しかし、このような「都合のよい値」が存在するのでしょうか？

　結論から先にいうと、そういう都合のよい値は存在します。その値は「**相関係数**」（あるいは「**積率相関係数**」）と呼ばれ、上に書いたような性質を満たしているのです。

　次の項では、少し複雑ですが、**相関係数の具体的な式**を紹介していきましょう。

相関の強さを数値化する

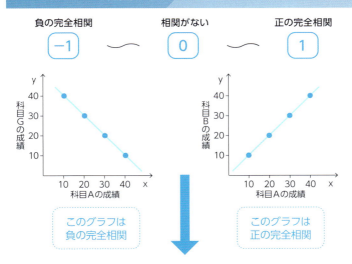

負の完全相関が−1で、正の完全相関が+1
このような使いやすい尺度が
次の項で紹介する「相関係数」である

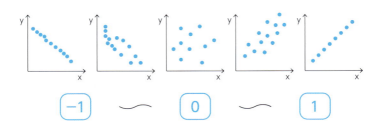

相関係数でデータ同士の関係の度合いがわかる

「相関係数」を表す式を知っておこう

前の項では、次のような性質を満たす値として相関係数があることを述べました。

さて、この項では**相関係数の求め方**を解説します。2種類の対応するn個のデータをそれぞれ

$x_1、x_2、\cdots、x_n$

$y_1、y_2、\cdots、y_n$

としましょう。このとき、相関係数rは次のように定義されます。

$$r = \frac{\sum (x_i - \bar{x})(y_i - \bar{y})}{\sqrt{\sum (x_i - \bar{x})^2 \cdot \sum (y_i - \bar{y})^2}}$$

Σ（大文字のシグマ）は「合計する」という意味の記号です。この場合は、iが1からnまでの和（たし算の合計）のことです。また、$\bar{x}$は$x_1、x_2、\cdots、x_n$の平均で、

$$\bar{x} = \frac{x_1 + x_2 + \cdots + x_n}{n} = \frac{\sum x_i}{n}$$

同様に、$\bar{y}$は$y_1、y_2、\cdots、y_n$の平均で

$$\bar{y} = \frac{y_1 + y_2 + \cdots + y_n}{n} = \frac{\sum y_i}{n}$$

と表せます。

前記の相関係数の式は、**一見すると恐ろしく複雑そうに見えますが、実際はそうでもない**のです。それを理解するために、次の項では、この章で何回か用いた、4名の学生に関する成績の例で、具体的に相関係数を計算してみましょう。

相関係数を求める式

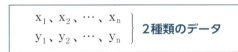

2種類のデータ

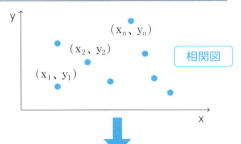

相関図

相関係数　$r = \dfrac{\sum (x_i - \bar{x})(y_i - \bar{y})}{\sqrt{\sum (x_i - \bar{x})^2 \cdot \sum (y_i - \bar{y})^2}}$

ただし、

$$\bar{x} = \dfrac{x_1 + x_2 + \cdots + x_n}{n} = \dfrac{\sum x_i}{n}$$

データ $x_1、x_2、\cdots、x_n$ の平均

$$\bar{y} = \dfrac{y_1 + y_2 + \cdots + y_n}{n} = \dfrac{\sum y_i}{n}$$

データ $y_1、y_2、\cdots、y_n$ の平均

相関係数の計算方法〜その①

前の項では、「相関係数の定義式」を紹介しました。この項では、**具体的に相関係数を計算**してみましょう。手始めに、科目Aと科目Bの成績の相関係数を求めてみたいと思います。

	a	b	c	d
科目A	10	20	30	40
科目B	10	20	30	40

まず、科目Aの成績をx_iとして、その平均を求めると、

$$\bar{x} = \frac{10+20+30+40}{4} = 25$$

同様に、科目Bの成績をy_iとして、その平均を求めると、$\bar{y} = 25$となります。従って、

$$\sum (x_i - \bar{x})(y_i - \bar{y})$$
$$= (10-25)^2 + (20-25)^2 + (30-25)^2 + (40-25)^2$$
$$= (-15)^2 + (-5)^2 + 5^2 + 15^2$$
$$= 225 + 25 + 25 + 225 = 500$$

と計算されます。同様にして、

$$\sum (x_i - \bar{x})^2 = \sum (y_i - \bar{y})^2$$
$$= (10-25)^2 + (20-25)^2 + (30-25)^2 + (40-25)^2$$
$$= 225 + 25 + 25 + 225 = 500$$

従って、相関係数rは以下のように1となります。

$$r = \frac{500}{\sqrt{500^2}} = \frac{500}{500} = 1$$

以上の計算を、下のように表にすると、簡単に間違わずに計算できます。次の項では、ほかの場合について計算してみましょう。

科目Aと科目Bの相関係数を求める

相関係数 $r = \dfrac{\sum(x_i-\bar{x})(y_i-\bar{y})}{\sqrt{\sum(x_i-\bar{x})^2 \cdot \sum(y_i-\bar{y})^2}}$

ただし、$\bar{x}=\dfrac{\sum x_i}{n}$、$\bar{y}=\dfrac{\sum y_i}{n}$

科目Aの成績　$x_1=10$、$x_2=20$、$x_3=30$、$x_4=40$
科目Bの成績　$y_1=10$、$y_2=20$、$y_3=30$、$y_4=40$

	x_i 科目Aの成績	$x_i-\bar{x}$ 偏差	$(x_i-\bar{x})^2$ 偏差の2乗	y_i 科目Bの成績	$y_i-\bar{y}$ 偏差	$(y_i-\bar{y})^2$ 偏差の2乗	$(x-\bar{x})\cdot(y_i-\bar{y})$ 科目Aと科目Bの偏差の積
	10	−15	225	10	−15	225	225
	20	−5	25	20	−5	25	25
	30	5	25	30	5	25	25
	40	15	225	40	15	225	225
計 平均	100 $25=\bar{x}$	0	500	100 $25=\bar{y}$	0	500	500

$\sum(x_i-\bar{x})^2=500$　　$\sum(y_i-\bar{y})^2=500$　　$\sum(x_i-\bar{x})(y_i-\bar{y})=500$

相関係数 $r = \dfrac{500}{\sqrt{500 \cdot 500}} = \dfrac{500}{500} = 1$ ← 正の完全相関

相関係数の計算方法〜その②

前の項では、「科目Aと科目Bの成績の相関係数rが1」であることを計算で求めました。この項では引き続き、**科目Aと科目Cの相関係数**を求めてみましょう。

	a	b	c	d
科目A	10	20	30	40
科目C	20	10	40	30

まず、科目Aの平均$\bar{x}$と、科目Cの成績をy_iとしたその平均$\bar{y}$はともに25となります。従って、

$$\Sigma(x_i-\bar{x})(y_i-\bar{y})$$
$$=(10-25)(20-25)+(20-25)(10-25)+(30-25)(40-25)$$
$$\quad+(40-25)(30-25)$$
$$=(-15)\times(-5)+(-5)\times(-15)+5\times15+15\times5$$
$$=75+75+75+75=300$$

同様にして、

$$\Sigma(x_i-\bar{x})^2$$
$$=(10-25)^2+(20-25)^2+(30-25)^2+(40-25)^2=500$$
$$\Sigma(y_i-\bar{y})^2$$
$$=(20-25)^2+(10-25)^2+(40-25)^2+(30-25)^2=500$$

従って、相関係数rは以下のように0.6となります。

$$r=\frac{300}{\sqrt{500^2}}=\frac{300}{500}=0.6$$

科目Aと科目Cの相関係数を求める

$$相関係数\ r = \frac{\sum(x_i - \bar{x})(y_i - \bar{y})}{\sqrt{\sum(x_i - \bar{x})^2 \cdot \sum(y_i - \bar{y})^2}}$$

ただし、$\bar{x} = \frac{\sum x_i}{n}$、$\bar{y} = \frac{\sum y_i}{n}$

科目Aの成績　$x_1 = 10$、$x_2 = 20$、$x_3 = 30$、$x_4 = 40$
科目Bの成績　$y_1 = 20$、$y_2 = 10$、$y_3 = 40$、$y_4 = 30$

	x_i 科目Aの成績	$x_i - \bar{x}$ 偏差	$(x_i - \bar{x})^2$ 偏差の2乗	y_i 科目Cの成績	$y_i - \bar{y}$ 偏差	$(y_i - \bar{y})^2$ 偏差の2乗	$(x - \bar{x}) \cdot (y_i - \bar{y})$ 科目Aと科目Cの偏差の積
	10	−15	225	20	−5	25	75
	20	−5	25	10	−15	225	75
	30	5	25	40	15	225	75
	40	15	225	30	5	25	75
計 平均	100 $25 = \bar{x}$	0	500	100 $25 = \bar{y}$	0	500	300

$\sum(x_i - \bar{x})^2 = 500$　　$\sum(y_i - \bar{y})^2 = 500$　　$\sum(x_i - \bar{x})(y_i - \bar{y}) = 300$

$$相関係数\ r = \frac{300}{\sqrt{500 \cdot 500}} = \frac{300}{500} = 0.6$$

正の相関

相関係数の計算方法〜その③

前の項では、科目Aと科目Cの成績の相関係数rは0.6であることがわかりました。この項では、引き続き**科目Aと科目Dの相関係数**を求めてみましょう。

	a	b	c	d
科目A	10	20	30	40
科目D	30	10	40	20

まず、科目Aの平均$\bar{x}$と、科目Dの成績をy_iとしたその平均$\bar{y}$はともに25となります。従って、

$\sum (x_i - \bar{x})(y_i - \bar{y})$
$= (10-25)(30-25) + (20-25)(10-25) + (30-25)(40-25)$
　$+ (40-25)(20-25)$
$= (-15) \times 5 + (-5) \times (-15) + 5 \times 15 + 15 \times (-5)$
$= -75 + 75 + 75 - 75 = 0$

同様にして、

$\sum (x_i - \bar{x})^2$
$= (10-25)^2 + (20-25)^2 + (30-25)^2 + (40-25)^2 = 500$
$\sum (y_i - \bar{y})^2$
$= (30-25)^2 + (10-25)^2 + (40-25)^2 + (20-25)^2 = 500$

従って、相関係数rは以下のように0となります。

$r = \dfrac{0}{\sqrt{500^2}} = \dfrac{0}{500} = 0$

第7章　相関

以上の計算も、下に表にしました。また、**残りの科目E、F、Gの場合も、同じように相関係数を計算できます。**

科目Aと科目Dの相関係数を求める

相関係数 $r = \dfrac{\sum(x_i-\bar{x})(y_i-\bar{y})}{\sqrt{\sum(x_i-\bar{x})^2 \cdot \sum(y_i-\bar{y})^2}}$　ただし、$\bar{x}=\dfrac{\sum x_i}{n}$、$\bar{y}=\dfrac{\sum y_i}{n}$

科目Aの成績　$x_1=10$、$x_2=20$、$x_3=30$、$x_4=40$
科目Bの成績　$y_1=30$、$y_2=10$、$y_3=40$、$y_4=20$

	x_i 科目Aの成績	$x_i-\bar{x}$ 偏差	$(x_i-\bar{x})^2$ 偏差の2乗	y_i 科目Dの成績	$y_i-\bar{y}$ 偏差	$(y_i-\bar{y})^2$ 偏差の2乗	$(x-\bar{x})\cdot(y_i-\bar{y})$ 科目Aと科目Dの偏差の積
	10	−15	225	30	5	25	−75
	20	−5	25	10	−15	225	75
	30	5	25	40	15	225	75
	40	15	225	20	−5	25	−75
計 平均	100 $25=\bar{x}$	0	500	100 $25=\bar{y}$	0	500	0

$\sum(x_i-\bar{x})^2=500$　　$\sum(y_i-\bar{y})^2=500$　　$\sum(x_i-\bar{x})(y_i-\bar{y})=0$

相関係数 $r = \dfrac{0}{\sqrt{500\cdot 500}} = \dfrac{0}{500} = 0$　← 相関はない

9 関係の整理 〜相関係数のまとめ

いままでの項で求めた科目Aとほかの科目の相関結果です。

科目	A	B	C	D	E	F	G
学生a	10	10	20	30	20	30	40
学生b	20	20	10	10	40	40	30
学生c	30	30	40	40	10	10	20
学生d	40	40	30	20	30	20	10
相関係数		1	0.6	0	0	−0.6	−1

このように相関係数rは、上の成績の例では、

負の完全相関 **相関がない** **正の完全相関**

-1 〜 0 〜 1

の関係を満たしていることが確かめられました。

ところで、一般に、相関係数が高いからといって、いつも一方が他方に影響をおよぼす「**因果関係**」があるわけではありません。たとえば、1都市当たりの人口と居酒屋の数の相関係数は高いはずです。これは「人口が増えれば居酒屋の数は増加する」という因果関係を裏づける根拠となるでしょう。しかし、**居酒屋が増えたからといって、かならずしも人口が増えるわけではありません**。人口と書店の数の場合も、人口と居酒屋の例と同様でしょう。では、書店の数と居酒屋の数の場合はどうでしょうか。人口と居酒屋（書店）の数と同様に、相関係数は高いでしょう。しかし、**書店の数が増えたからといって、**

居酒屋の数が増えるわけではないし、逆に居酒屋の数が増えたからといって、書店の数が増えるわけでもありません。このように、相関係数が高いからといって、因果関係があるとはかぎらないので、注意してください。

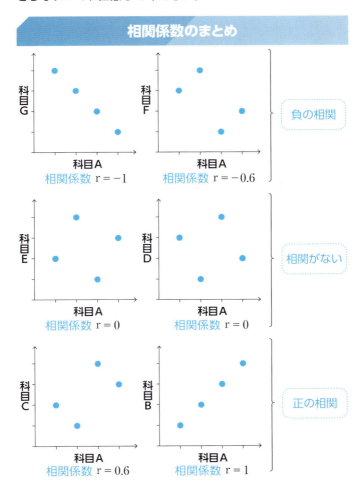

章末練習問題 ⑦

問題 7・1 本文と同様に、5人の学生a、b、c、d、eがいます。この学生たちの5科目(科目Aから科目E)の成績は以下のようでした。

科目	A	B	C	D	E
a	10	10	50	40	40
b	20	20	40	10	10
c	30	30	30	30	20
d	40	40	20	50	50
e	50	50	10	20	30

① 科目Aと科目Bの成績の相関係数を求めてください。
② 科目Aと科目Cの成績の相関係数を求めてください。
③ 科目Aと科目Dの成績の相関係数を求めてください。
④ 科目Aと科目Eの成績の相関係数を求めてください。

> **7・1 解答**

本文と同様の計算により、以下が得られます。

① 科目Aの成績をx_iとしてその平均を求めると

$$\bar{x} = \frac{10+20+30+40+50}{5} = 30$$

同様に、科目Bの成績をy_iとしてその平均を求めると、

$$\bar{y} = \frac{10+20+30+40+50}{5} = 30$$

従って、

$\sum (x_i - \bar{x})(y_i - \bar{y})$
$= (10-30)^2 + (20-30)^2 + (30-30)^2 + (40-30)^2 + (50-30)^2$
$= (-20)^2 + (-10)^2 + 0^2 + 10^2 + 20^2$
$= 400 + 100 + 0 + 100 + 400 = 1000$

同様に、

$\sqrt{\sum (x_i - \bar{x})^2 \cdot \sum (y_i - \bar{y})^2}$
$= \sqrt{((-20)^2 + (-10)^2 + 0^2 + 10^2 + 20^2) \times ((-20)^2 + (-10)^2 + 0^2 + 10^2 + 20^2)}$
$= \sqrt{(400+100+0+100+400) \times (400+100+0+100+400)}$
$= \sqrt{1000000}$
$= 1000$

ゆえに、$\frac{1000}{1000} = 1$ となります。

① 答え：**1**

以下、①と同様の計算で、

② 答え：**−1**

③ 答え：**0**

④ 答え：**0.2**

Column 7 最近よく見かける「期待値を計算できない」くじに注意

　スマホの「くじ」を見かけたとき、「おやっ?」と思うことがあります。例えば、当せん本数が「1000ポイントもらえるくじが1日1本当たる。1ポイントもらえるくじが1日1000本当たる」のくじがあったとしましょう。このとき、その当せんポイントの期待値が求められるでしょうか?　実はこの場合、**くじの総数がわからないので、期待値を求めることができない**のです。仮に、くじの総本数がN本とすると、期待値は、

$$1000 \times \left(\frac{1}{N}\right) + 1 \times \left(\frac{1000}{N}\right) = \frac{2000}{N}$$

と計算できます。ただし、$\frac{1000}{N}$は確率なので、1以下になる必要があります。そのため、Nは1000以上の数です。

　上記の式から「期待値はくじの総本数Nによって変わる」ことがわかります。とはいえ、**実際には総本数のNがわからないので、結局、正確な期待値は計算できません。**

　しかし、もし総本数Nが同じ、「700ポイントが1日1本、2ポイントが1日700本」の別のくじがあると仮定すると、期待値を比べることはできます。このくじの期待値は、同様に、

$$700 \times \left(\frac{1}{N}\right) + 2 \times \left(\frac{700}{N}\right) = \frac{2100}{N}$$

と計算できます。したがって、先のくじより期待値が大きいことがわかります。こちらのほうが、リターンがよいのです。しかし、もし総本数が、Nの2倍の2Nだとすると、半分の「$\frac{1050}{N}$」に減ってしまうので、先のくじのほうが期待値が大きく、リターンがよいことになります。お小遣い稼ぎにも、注意が必要です。

おわりに

　本書の校正時、最初の項（1-1）のタイトル「『週に何回お酒を飲む？』と聞かれて困りませんか？」が、妙に気になりました。そこで、「私自身の場合はどうなっているのか？」を把握するため、手帳などを見返して、直近の1年間を調べてみました。

　その結果、「何回＝何日」とすると「週に平均約0.5回しか飲んでいない」ことがわかりました。自他ともに認める酒好きだけに、「意外に少ないなぁ」と感じたのですが、**「この違和感はどこからきたのか」**を考えてみましょう。

　実は、お酒を飲む数を数えた年の前年は、私が還暦を迎えた年でした。いろいろな場で祝っていただき、ついつい飲む機会が増えていたのです。そこで還暦を節目に、最近は多少健康のことも考え、学内の酒席では、お酒はお酒でも、アルコール分が0％で「飲む点滴」ともいわれる**甘酒にシフト**したのです。つまり、還暦の年が終わり酒席の数が減っただけでなく、酒席には出ても甘酒を持参することが多かったのです。これが回数を減らした要因の1つです。

　別の要因も思いあたりました。私が学外で飲む場所といえば、そのほとんどが**野毛**です。野毛は「横浜周辺の飲んべえが最後に行きつくところ」ともいわれ、昭和の香りが漂う飲み屋街です。朝4時（！）にオープンする店など

もあり、油断すると夕方から明け方まで飲み続けてしまいます。そんなときは数軒、はしご酒をすることもあり、**これが数回分（＝数日分）として記憶されてしまうの**です。

このように考えていくと、一見簡単そうな「週に何回お酒を飲む？」という質問でも、それに対する回答の仕方や結果の解釈にはいろいろあることがわかります。つまり、**データの取り方、その解釈は、統計という学問にとって大変重要なことなのです。**

さて、このあたりでそろそろ筆を置き、「はじめに」でふれた不正統計の話題でも肴(さかな)に、ちょっと一杯飲みたくなりました。今晩はどのあたりで飲もうかな……。

平成最後の年に横浜・野毛にて
今野紀雄

《 主 な 参 考 文 献 》

大村 平/著『統計のはなし』(日科技連、2002年)
大村 平/著『統計解析のはなし』(日科技連、2006年)
東京大学教養学部統計学教室/編『統計学入門』(東京大学出版会、1991年)
C.R.ラオ/著『統計学とは何か』(丸善、1993年)
ダレル・ハフ/著、高木秀玄/訳『統計でウソをつく法』(講談社、1968年)
鈴木義一郎/著『現代統計学小事典』(講談社、1998年)
田村 秀/著『データの罠』(集英社、2006年)
友野典男/著『行動経済学』(光文社、2006年)
イアン・エアーズ/著、山形浩生/訳『その数字が戦略を決める』(文藝春秋、2007年)
今野紀雄、井手勇介、瀬川悦生、竹居正登、大塚一路/著『横浜発 確率・統計入門』(産業図書、2014年)
Arno Berger, Theodore P. Hill/著『An Introduction to Benford's Law』(Princeton University Press、2015年)

索　引

数・英

3シグマ範囲	106、107
nCr	94～96
nPr	92～95

あ

因果関係	182、183

か

階級値	16、17、19、21、28、29
階級の幅	16、18、19、102、103
確率密度関数	104、106、107、110
仮想通貨	40、68、90、116
加法定理	41、56～59、72、73
棄却される	151、153、159
帰無仮説	150
空事象	42、43、50
誤差分布	102

さ

最頻値	9、22、23、27～29
算術平均	22、26
散布図	168
順列	91～93
条件つき確率	41、59～64、66、67
乗法定理	41、60、62～65
シンプソンのパラドックス	144
信頼区間	132、134～136、138、143
正の相関	170～172、179、183
積事象	41、44、45
積率相関係数	172
絶対値	34、35、86、87、128
全事象	42、43、46、48～50、52、56、57、59
相関が強い	170
相関がない	170、172～174、182、183
相関が弱い	170
相関図	168～170、172、175
相対度数	16

た

代表値	21～24、27、28、30、32
宝くじ	78、79、164
多峰型	20、21
単峰型	20、21
中位数	24
中央値	9、22～26、28
柱状グラフ	17
独立事象	41、64、65
度数分布表	16、18、19、125

な

並み値	28

は

場合の数	92、94、95
ビットコイン	40
標本調査	120、122、124、130、132、136
負の完全相関	172～174、182
負の相関	170～172、183
平均値	22、32、36
平均偏差	34
変曲点	104～106
ベンフォードの法則	68、90、116

や

有意水準	149
余事象	41、44、45、57～59

ら

レンジ	9、30～32

わ

和事象	41、44、45

サイエンス・アイ新書 発刊のことば

「科学の世紀」の羅針盤

　20世紀に生まれた広域ネットワークとコンピュータサイエンスによって、科学技術は目を見張るほど発展し、高度情報化社会が訪れました。いまや科学は私たちの暮らしに身近なものとなり、それなくしては成り立たないほど強い影響力を持っているといえるでしょう。

　『サイエンス・アイ新書』は、この「科学の世紀」と呼ぶにふさわしい21世紀の羅針盤を目指して創刊しました。情報通信と科学分野における革新的な発明や発見を誰にでも理解できるように、基本の原理や仕組みのところから図解を交えてわかりやすく解説します。科学技術に関心のある高校生や大学生、社会人にとって、サイエンス・アイ新書は科学的な視点で物事をとらえる機会になるだけでなく、論理的な思考法を学ぶ機会にもなることでしょう。もちろん、宇宙の歴史から生物の遺伝子の働きまで、複雑な自然科学の謎も単純な法則で明快に理解できるようになります。

　一般教養を高めることはもちろん、科学の世界へ飛び立つためのガイドとしてサイエンス・アイ新書シリーズを役立てていただければ、それに勝る喜びはありません。21世紀を賢く生きるための科学の力をサイエンス・アイ新書で培っていただけると信じています。

2006年10月

※サイエンス・アイ（Science i）は、21世紀の科学を支える情報（Information）、
知識（Intelligence）、革新（Innovation）を表現する「 i 」からネーミングされています。

SB Creative

サイエンス・アイ新書
SIS-430

http://sciencei.sbcr.jp/

統計学 最高の教科書
現実を分析して未来を予測する技術を身につける

2019年4月25日　初版第1刷発行

本書は2009年刊行『マンガでわかる統計入門』を改訂・再編集したものです

著　者	今野紀雄
発行者	小川 淳
発行所	SBクリエイティブ株式会社
	〒106-0032　東京都港区六本木2-4-5
	営業：03(5549)1201
装　丁	渡辺 縁
組　版	近藤久博(近藤企画)
印刷・製本	株式会社 シナノ パブリッシング プレス

乱丁・落丁本が万が一ございましたら、小社営業部まで着払いにてご送付ください。送料小社負担にてお取り替えいたします。本書の内容の一部あるいは全部を無断で複写(コピー)することは、かたくお断りいたします。本書の内容に関するご質問等は、小社科学書籍編集部まで必ず書面にてご連絡いただきますようお願い申し上げます。

©今野紀雄 2019　Printed in Japan　ISBN 978-4-7973-9533-4